Rohin Gupta
S.S. Gill
Navneet Kaur

CMOS SRAM Projeto e análise de uma célula SRAM de baixa fuga e alta velocidade

Rohin Gupta
S.S. Gill
Navneet Kaur

CMOS SRAM Projeto e análise de uma célula SRAM de baixa fuga e alta velocidade

ScienciaScripts

Imprint

Cover image: www.ingimage.com

This book is a translation from the original published under ISBN 978-3-659-86111-6.

Publisher:
Sciencia Scripts
is a trademark of
Dodo Books Indian Ocean Ltd. and OmniScriptum S.R.L publishing group

120 High Road, East Finchley, London, N2 9ED, United Kingdom
Str. Armeneasca 28/1, office 1, Chisinau MD-2012, Republic of Moldova, Europe
Printed at: see last page
ISBN: 978-620-8-33206-8

ÍNDICE

RESUMO

A memória tornou-se uma parte importante dos dispositivos electrónicos. Com o avanço da tecnologia, as memórias de semicondutores estão a tornar-se uma parte importante destes aparelhos. Como os componentes electrónicos se estão a tornar portáteis, a energia tornou-se um problema importante em vários processadores, projectos de SoC ou qualquer outro circuito VLSI. Por conseguinte, é muito importante controlar a dissipação de energia ao longo de todo o ciclo de conceção, desde o nível arquitetónico. Para as tecnologias de 180 nm e inferiores, a fuga estática é o principal fator que domina a potência dinâmica. Em muitos novos projectos de elevado desempenho, a componente de fuga do consumo de energia é comparável à componente de comutação. Das várias subpartes do circuito VLSI, a memória é uma parte importante, uma vez que consome energia, espaço e, por vezes, ajuda a decidir a rapidez de um circuito. Ocorrem fugas através do transístor, que podem ser estáticas ou dinâmicas. Devido ao grande número de transístores presentes num circuito de memória de semicondutores, é provável que a fuga aumente, especialmente com o aumento da tecnologia, a menos que sejam introduzidas técnicas eficazes para controlar a fuga. Este relatório apresenta várias topologias de memória de semicondutores, incluindo a célula SRAM 6-T normalizada e alguns circuitos novos. Através da aplicação de vários métodos, foi obtida uma redução substancial da corrente de fuga em modo de espera. Os novos circuitos são rápidos, consomem menos energia e são altamente densos em comparação com a célula SRAM 6T padrão. Os componentes da corrente de fuga considerados no presente trabalho são as fugas através do transístor que está desligado e o consumo de energia através do transístor que está ligado. Esta tese foi organizada em vários capítulos. O primeiro capítulo apresenta uma panorâmica geral das memórias semicondutoras, que inclui o funcionamento da célula SRAM, os seus tipos, as fugas, os métodos para tornar o desempenho da célula SRAM eficiente e os componentes periféricos da arquitetura SRAM. O segundo capítulo apresenta a revisão da literatura. O terceiro capítulo apresenta a formulação do problema e discute os desafios e objectivos do projeto. O quarto capítulo apresenta o novo trabalho proposto e o funcionamento da célula. O quinto capítulo apresenta os resultados e a discussão, que inclui a comparação do trabalho proposto com os resultados anteriores. O sexto capítulo descreve a conclusão e possíveis trabalhos futuros neste domínio.

RECONHECIMENTO

Estou muito grato ao Diretor do Guru Nanak Dev Engineering College (GNDEC), Ludhiana, por me ter dado esta oportunidade de realizar o presente trabalho de tese.

A orientação e o encorajamento constantes recebidos do Dr. Sandeep Singh Gill, Professor, Departamento de Engenharia Eletrónica e de Comunicações e Responsável, MTech, GNDEC Ludhiana, foram de grande ajuda para a realização do presente trabalho e são reconhecidos com um agradecimento reverente.

Gostaria de expressar um profundo sentimento de gratidão e agradecer profusamente ao Dr. Sandeep Singh Gill, Professor e Er. Navneet Kaur, Professor Assistente, Departamento de Engenharia Eletrónica e de Comunicações, GNDEC, que são os supervisores da tese. Sem os seus sábios conselhos e orientação competente, teria sido impossível concluir a tese desta forma.

Expresso também a minha gratidão a outros membros do corpo docente do Departamento de Engenharia Eletrónica e de Comunicações, GNDEC, pelo seu apoio intelectual ao longo deste trabalho.

Estou em dívida para com todos os que contribuíram para este trabalho de tese e para uma estadia amigável no GNDEC.

ROHIN GUPTA

NOMENCLATURA

Abbreviation	Meaning
VLSI	Very Large Scale Integration
SRAM	Static Random Access Memory
RAM	RandomAccessMemory
DRAM	DynamicRandomAccess Memory
6T	Six Transistor
5T	Five Transistor
ROM	Read Only Memory
EEPROM	ElectricallyErasableProgrammable Read-OnlyMemory
SDRAM	Synchronous Dynamic RandomAccessMemory
nMOS	n-typeMOSFET
pMOS	p-typeMOSFET
WL	Word Line
BL	Bitline
BLB	Bitline bar
SAE	SenseAmplifier enable
RE	ReadEnable
WE	Write Enable

CAPÍTULO 1

INTRODUÇÃO

1.1 INTRODUÇÃO

Nos circuitos VLSI, as memórias de semicondutores tornaram-se uma parte importante. A SRAM ou memória estática de acesso aleatório é uma forma de memória de semicondutores muito utilizada em aplicações de eletrónica, microprocessadores e informática em geral. Esta memória não precisa de ser actualizada dinamicamente como no caso da memória DRAM. A memória de semicondutores é um dispositivo eletrónico de armazenamento de dados, frequentemente utilizado como memória de computador, implementado num circuito integrado baseado em semicondutores. É fabricada em muitos tipos e tecnologias diferentes. Esta memória é rápida e consome menos energia. Isto é muito importante, especialmente em dispositivos electrónicos portáteis. A redução da duração da bateria e a necessidade adicional de embalagem e refrigeração estão associadas ao elevado consumo de energia. A dissipação de energia estática devida às correntes de fuga em modo de espera é um componente importante da dissipação total de energia. A dissipação de energia estática que ocorre nestes componentes é responsável por uma enorme percentagem da dissipação total de energia no sistema. Por conseguinte, a minimização desta componente de fuga torna-se crucial para uma gestão eficaz da energia. Como resultado do aumento contínuo da escala dos dispositivos MOS, conseguiu-se uma melhoria drástica do desempenho dos dispositivos MOS. No entanto, aumentou a dissipação de energia devido às correntes de fuga. Os aparelhos electrónicos actuais exigem cálculos de alta velocidade e elevado rendimento, funcionalidades complexas e, frequentemente, capacidades de processamento em tempo real. O desempenho destes dispositivos é limitado pelo tamanho, peso e duração das baterias. Os circuitos de memória são parte integrante da conceção de todos os sistemas, uma vez que as RAM dinâmicas, as RAM estáticas e as ROM contribuem significativamente para o consumo de energia a nível do sistema. A redução da dissipação de energia nas memórias pode melhorar significativamente a eficiência energética, o desempenho, a fiabilidade e os custos globais do sistema.

1.2 TIPOS DE MEMÓRIA DE SEMICONDUTORES

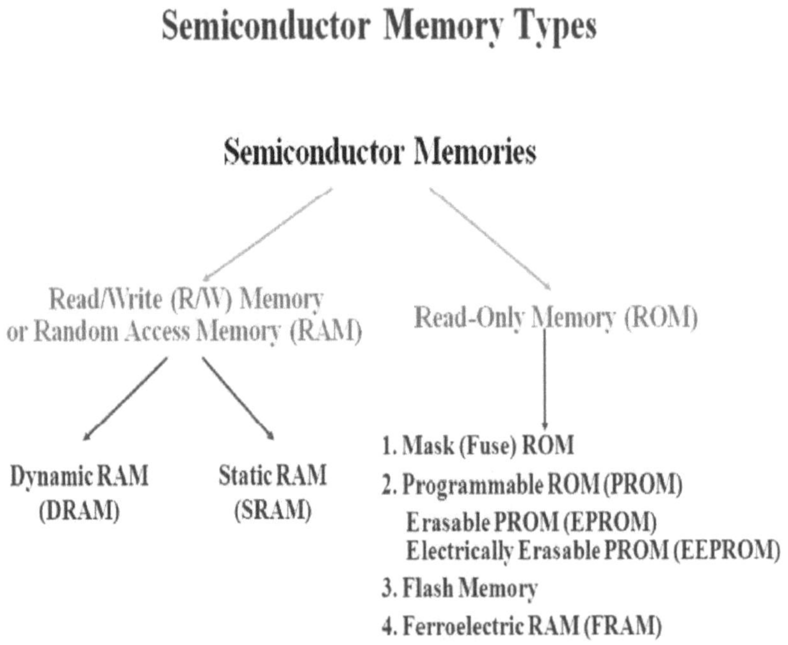

Semiconductor Memory Types

Semiconductor Memories

Read/Write (R/W) Memory
or Random Access Memory (RAM)

Dynamic RAM
(DRAM)

Static RAM
(SRAM)

Read-Only Memory (ROM)

1. Mask (Fuse) ROM
2. Programmable ROM (PROM)
   Erasable PROM (EPROM)
   Electrically Erasable PROM (EEPROM)
3. Flash Memory
4. Ferroelectric RAM (FRAM)

1.2.1 RAM (Memória de acesso aleatório)

Ram tornou-se um termo genérico para qualquer memória semicondutora que pode ser escrita e lida, em contraste com ROM (abaixo), que só pode ser lida. Todas as memórias de semicondutores são aleatórias por natureza. A memória volátil perde os dados armazenados quando a alimentação do chip de memória é desligada. No entanto, pode ser mais rápida e menos dispendiosa do que a memória não volátil. Este tipo é utilizado para a memória principal na maioria dos computadores, uma vez que os dados são armazenados no disco rígido enquanto o computador está desligado (Godse et al., 2008) (Arora et al., 2006). Os principais tipos são:

1.2.1.1 DRAM (Memória dinâmica de acesso aleatório)

A DRAM utiliza células de memória constituídas por um condensador e um transístor para armazenar cada bit. Trata-se da memória mais barata e de maior densidade, pelo que é utilizada como memória principal nos computadores. No entanto, devido a fugas, as células de memória têm de ser periodicamente actualizadas (reescritas), o que exige circuitos adicionais. O processo de atualização é automático e transparente para o utilizador. Algumas das versões mais antigas da DRAM são: FPM DRAM, EDO DRAM, VRAM etc.

i) **SDRAM (Synchronous Dynamic Random-Access Memory):** Esta foi uma reorganização do chip de memória DRAM, que adicionou uma linha de relógio para permitir o seu funcionamento em sincronismo com o relógio do barramento de memória do computador. Tornou-se o tipo dominante de memória de computador por volta do ano 2000.

ii) **DDR SDRAM (Double Data Rate SDRAM):** Esta foi uma modificação da taxa de dados aumentada, permitindo que o chip transfira o dobro dos dados de memória (duas palavras consecutivas) em cada ciclo de relógio através de um duplo bombeamento, transferindo dados nas extremidades inicial e final do impulso do relógio. As extensões desta ideia são a técnica atual (2012) que está a ser utilizada para aumentar a taxa de acesso à memória e a largura de banda. Uma vez que está a ser difícil aumentar ainda mais a velocidade do relógio interno dos chips de memória, estes chips aumentam a taxa de dados transferindo dados em blocos maiores:

(1) A DDR2 SDRAM transfere 4 palavras consecutivas por ciclo de relógio interno

(2) A DDR3 SDRAM transfere 8 palavras consecutivas por ciclo de relógio interno.

(3) A SDRAM DDR4 transfere 16 palavras consecutivas por ciclo de relógio interno.

1.2.1.2SRAM (memória estática de acesso aleatório)

Baseia-se em vários transístores que formam um flip-flop digital para armazenar cada bit. É menos densa e mais cara por bit do que a DRAM, mas é mais rápida e não necessita de atualização da memória. É utilizada para memórias cache mais pequenas em computadores.

1.2.1.3Memória endereçável ao conteúdo

Trata-se de um tipo especializado em que, em vez de aceder aos dados utilizando um endereço, é aplicada uma palavra de dados e a memória devolve a localização se a palavra estiver armazenada na memória. É maioritariamente incorporada noutros chips, como microprocessadores, onde é utilizada para memória cache.

1.2.2 Memória não volátil

Este tipo de memória preserva os dados nela armazenados durante os períodos em que a alimentação do chip é desligada. Por isso, é utilizada para a memória em dispositivos portáteis, que não têm discos, e para cartões de memória amovíveis, entre outras utilizações (Godse et al., 2008) (Arora et al., 2006). Os principais tipos são:

1) ROM (Read-only memory): Foi concebida para guardar dados permanentes e, em funcionamento normal, só pode ser lida e não escrita. Embora alguns tipos possam ser escritos, o processo de escrita é lento e, normalmente, todos os dados no chip têm de ser reescritos de uma só vez. É normalmente utilizado para armazenar software de sistema que deve estar imediatamente acessível ao computador, como o programa BIOS que inicia o computador e o software para dispositivos portáteis e computadores incorporados, como microcontroladores.

i) ROM programada por máscara: Neste tipo, os dados são programados no chip durante o fabrico, pelo que só é utilizada para grandes séries de produção.

ii) PROM (Programmable read-only memory): Neste tipo, os dados são escritos no chip antes de este ser instalado no circuito, mas só podem ser escritos uma vez. Os dados são escritos ligando o chip a um dispositivo chamado programador PROM.

iii) EPROM (Erasable programmable read-only memory): Neste tipo, os dados podem ser reescritos retirando o chip da placa de circuitos, expondo-o a uma luz ultravioleta para o apagar e ligando-o a um programador PROM. A embalagem do CI tem uma pequena "janela" transparente na parte superior para admitir a luz UV. É frequentemente utilizado para protótipos e pequenos dispositivos de produção, em que o programa nele contido tem de ser alterado na fábrica.

iv) EEPROM (Electrically erasable programmable read-only memory): Neste tipo, os dados podem ser reescritos eletricamente, enquanto o chip está na placa de circuitos, mas o processo de escrita é lento. Este tipo é utilizado para guardar firmware, o microcódigo de baixo nível que faz funcionar os dispositivos de hardware, como o programa BIOS na maioria dos computadores, para que possa ser atualizado.

v) NVRAM (memória Flash): Neste tipo, o processo de escrita tem uma velocidade intermédia entre as

EEPROMS e a memória RAM; pode ser escrita, mas não suficientemente rápida para servir de memória principal. É frequentemente utilizada como uma versão semicondutora de um disco rígido, para armazenar ficheiros. É utilizada em dispositivos portáteis como PDAs, unidades flash USB e cartões de memória amovíveis utilizados em câmaras digitais e telemóveis.

1.3 ORGANIZAÇÃO DA MEMÓRIA

A organização preferida para a maioria das grandes memórias é a arquitetura de acesso aleatório. O nome deriva do facto de as posições de memória (endereços) poderem ser acedidas por ordem aleatória a uma taxa fixa, independentemente da localização física, para leitura ou escrita. A matriz de armazenamento, ou núcleo, é constituída por circuitos de células simples dispostos de modo a partilhar ligações em linhas horizontais e colunas verticais. As linhas horizontais, que são acionadas apenas a partir do exterior da matriz de armazenamento, são designadas por linhas de palavras, enquanto as linhas verticais, ao longo das quais os dados entram e saem das células, são designadas por linhas de bits. O acesso a uma célula para leitura ou escrita faz-se selecionando a sua linha e coluna. Cada célula pode armazenar 0 ou 1. As memórias podem selecionar simultaneamente 4, 8, 16, 32 ou 64 colunas numa linha, dependendo da aplicação. A linha e a coluna (ou um grupo de colunas) a selecionar são determinadas pela descodificação da informação de endereço binário. Por exemplo, um descodificador de n bits para seleção de linhas, como mostra a figura 1.1, tem 2 linhas de saída^{n} , uma das quais é activada para cada código de entrada de n bits diferente. O descodificador de coluna recebe m entradas e produz 2 sinais de acesso à linha de bits^{m} , dos quais 1, 4, 8, 16, 32 ou 64 podem ser activados de cada vez. A seleção dos bits é feita utilizando um circuito multiplexador para dirigir as saídas das células correspondentes para os registos de dados. No total, $2^{n} * 2^{m}$ células são armazenadas na matriz principal. Os circuitos de células de memória podem ser implementados numa grande variedade de formas.

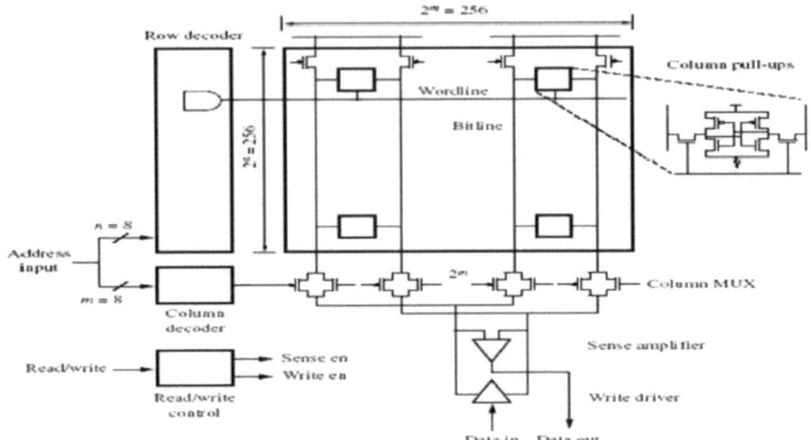

Figura 1.1. Arquitetura da memória

Ao nível de um chip de memória, as propriedades lógicas desejadas são recuperadas através da utilização de circuitos periféricos corretamente concebidos. Os circuitos desta categoria são os descodificadores, os amplificadores de deteção, a pré-carga de colunas, os buffers de dados, etc. Estes circuitos são concebidos de modo a poderem ser partilhados entre muitas células de memória. Os circuitos de leitura-escrita (R/W) determinam se os dados estão a ser recuperados ou armazenados e efectuam a amplificação necessária (através de um amplificador de deteção), o armazenamento em buffer e a conversão dos níveis de tensão. Nas secções seguintes são apresentados exemplos específicos.

1.4 CONCEPÇÃO STANDARD DE CÉLULA DE CARNEIRO ESTÁTICO

A célula SRAM 6T é considerada a célula SRAM padrão. A RAM estática é um tipo de RAM que mantém os seus dados sem atualização externa, enquanto o circuito for alimentado. Isto contrasta com a RAM dinâmica, que tem de ser actualizada muitas vezes por segundo para manter os seus dados. As SRAM são utilizadas para aplicações específicas no PC, onde os seus pontos fortes superam as suas fraquezas em comparação com a DRAM As memórias são consideradas estáticas se não forem necessários sinais de relógio periódicos para reter indefinidamente os dados armazenados. As células de memória nestes circuitos têm um caminho direto para V_{DD} ou G_{nd} ou ambos. Os conjuntos de células de memória de leitura-escrita baseados em circuitos de flipflop são normalmente designados por RAM estáticas ou SRAM. As SRAM não necessitam de circuitos externos de atualização ou de outro tipo de trabalho para manterem os seus dados intactos.

1.4.1 Funcionamento da memória estática

A célula RAM estática básica consiste em dois inversores com acoplamento cruzado e dois transístores de acesso. Os transístores de acesso estão ligados à linha de palavra nos seus respectivos terminais de porta e às linhas de bits nos seus terminais de fonte/dreno. A linha de palavras é utilizada para selecionar a célula, enquanto as linhas de bits são utilizadas para efetuar operações de leitura ou escrita na célula. Internamente, a célula contém o valor armazenado num lado e o seu complemento no outro lado. Para efeitos de referência, suponha-se que o nó q contém o valor armazenado e o nó q contém o seu complemento. As duas linhas de bits complementares são utilizadas para melhorar a velocidade e as propriedades de rejeição de ruído. A célula manterá o seu estado atual até que um dos nós internos ultrapasse o limiar de comutação, VS (limiar do inversor). Quando isto acontece, a célula inverte o seu estado interno. Por conseguinte, durante uma operação de leitura, não devemos perturbar o seu estado atual, enquanto que durante a operação de escrita devemos forçar a tensão interna a ultrapassar VS para alterar o estado.

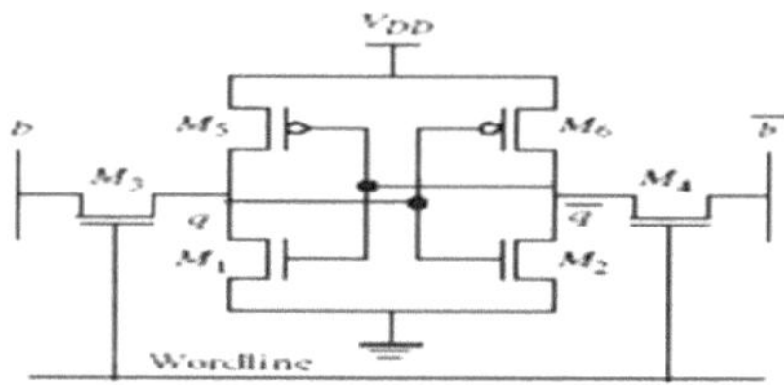

Figura 1.2. Célula SRAM 6T básica

1.4.2 A célula de memória estática de seis transístores (6T) em tecnologia CMOS

A célula SRAM 6T é constituída por dois inversores acoplados em cruz, M1, M5 e M2, M6, que actuam como elemento de armazenamento, como mostra a figura 1.2. Os principais esforços de conceção visam minimizar a área da célula e o consumo de energia, de modo a que milhões de células possam ser colocadas numa pastilha. O consumo de energia em estado estacionário da célula é controlado pelas correntes de fuga sublimiar, pelo que é frequentemente utilizada uma tensão limiar mais elevada nos circuitos de memória. Para reduzir a área, a disposição das células é altamente optimizada para eliminar toda a área desperdiçada. De facto, alguns modelos substituem os dispositivos de carga, M5 e M6, por resistências formadas em polissilício não dopado. Isto é chamado de célula 4T, pois agora há apenas quatro transistores na célula. Para minimizar a potência, a corrente através dos resistores pode ser extremamente pequena, utilizando resistências de pull-up muito grandes. As correntes de espera são mantidas na faixa de nano-amperes. Assim, a potência e a área podem ser reduzidas à custa de uma complexidade de processamento adicional para formar as resistências de polissilício não dopado. A maioria dos projectos actuais utiliza a configuração convencional de 6T. O funcionamento de uma matriz destas células é o seguinte. As linhas de seleção de linha, ou linhas de palavra, correm horizontalmente. Todas as células ligadas a uma determinada linha de palavra são acedidas para leitura ou escrita. As células são ligadas verticalmente às linhas de bits utilizando o par de dispositivos de acesso para fornecer um caminho comutável para os dados que entram e saem da célula. Duas linhas de coluna b e b' fornecem uma via de dados diferencial. Em princípio, deveria ser possível realizar todas as funções de memória utilizando apenas uma linha de coluna e um dispositivo de acesso. Foram feitas tentativas nesse sentido, mas devido às variações normais dos parâmetros do dispositivo e das condições de funcionamento, é difícil obter um funcionamento fiável a toda a velocidade utilizando uma única linha de acesso. Por conseguinte, são quase sempre utilizadas as vias de dados simétricas b e b'. Quando uma linha de palavra fica alta, todas as células dessa linha são selecionadas. Os transístores de acesso são todos ligados e é efectuada uma operação de leitura ou escrita. As células das outras filas são efetivamente desligadas das suas respectivas linhas de palavra. A linha de palavra tem uma grande capacitância, C_{word}, que deve ser acionada pelo decodificador. É composta por duas capacitâncias de porta por célula e a capacitância do fio por célula. Uma vez activadas as células ao longo da linha de palavra, são efectuadas operações de leitura ou de escrita. Para uma operação de leitura, apenas um lado da célula consome corrente. Consequentemente, desenvolve-se uma pequena tensão diferencial entre as linhas de colunas de bits e de barras de bits. O descodificador de endereços de colunas e o multiplexador selecionam as linhas de colunas a serem acedidas. As linhas de bits sofrem uma diferença de tensão à medida que as células selecionadas descarregam uma das duas linhas de bits. Esta diferença é amplificada e enviada para os buffers de saída. Deve notar-se que as linhas de bits também têm uma capacitância muito grande devido ao grande número de células a elas ligadas. Esta deve-se principalmente à capacitância fonte/dreno, mas também tem componentes devidos à capacitância do fio e aos contactos dreno/fonte. Normalmente, um contacto é partilhado entre duas células. Durante uma operação de escrita, uma das linhas de bits é puxada para baixo se quisermos armazenar 0, enquanto a outra é puxada para baixo se quisermos armazenar 1. O requisito para uma operação de escrita bem sucedida é fazer com que a tensão interna da célula ultrapasse o limiar de comutação do inversor correspondente. Quando a célula tiver passado para o outro estado, a linha de palavra pode ser reposta no seu valor baixo. A conceção da célula implica a seleção das dimensões dos transístores para os seis transístores, de modo a garantir operações de leitura e escrita adequadas. Como a célula é simétrica, só é necessário especificar três tamanhos de transístores, M1, M3 e M5 ou M2, M4 e M6. O objetivo é selecionar os tamanhos que minimizem a área, forneçam o desempenho necessário, obtenham uma boa estabilidade de leitura e escrita, forneçam uma boa corrente de leitura da célula e tenham uma boa imunidade a erros suaves.

1.4.2.1 Ler Operação

Descrevemos agora os pormenores de conceção da célula RAM 6T para a operação de leitura. Assumimos que a lógica "0" está armazenada na célula. Portanto, M1 está ligado e M2 está desligado. Inicialmente, b e b' são pré-carregados para uma tensão elevada por um par de transístores de pull-up de coluna. A linha de seleção de linha, mantida baixa no estado de espera, é elevada a V_{DD} , o que liga os transístores de acesso M3 e M4. A corrente começa a fluir através de M3 e M1 para a terra. A corrente resultante da célula descarrega lentamente a capacitância C_{bit} . Entretanto, no outro lado da célula, a tensão on permanece alta, uma vez que não há caminho para a terra através de M2. A diferença entre b e bn é alimentada a um amplificador de sentido para gerar uma saída baixa válida, que é depois armazenada num buffer de dados. Após a conclusão do ciclo de leitura, a linha de palavra é devolvida a zero e as linhas de coluna podem ser pré-carregadas de volta a um valor elevado. Ao projetar os tamanhos dos transístores para estabilidade de leitura, temos de garantir que os valores armazenados não são perturbados durante o ciclo de leitura.

1.4.2.2 Operação de escrita

A operação de escrever 0 ou 1 é realizada forçando uma linha de bit, b ou b', para baixo, enquanto a outra linha de bit permanece a cerca de VDD. Para escrever 1, b é forçado a baixar, e para escrever 0, b é forçado a baixar. A célula deve ser projectada de modo a que a condutância de M4 seja várias vezes superior à de M6, para que o dreno de M2 seja puxado para baixo de VS. Isto dá início a um efeito regenerativo 10 entre os dois inversores. Eventualmente, M1 desliga-se e a sua tensão de dreno sobe para VDD devido à ação de pull-up de M5 e M3. Ao mesmo tempo, M2 liga-se e ajuda M4 a puxar a saída para o seu valor baixo pretendido. Quando a célula finalmente passa para o novo estado, a linha pode voltar ao seu nível baixo de espera. A conceção da célula SRAM para uma operação de escrita correta envolve o par de transístores M6-M4. Quando a célula é ligada pela primeira vez para a operação de escrita, eles formam um inversor pseudo-NMOS. A corrente flui através dos dois dispositivos e baixa a tensão no nó a partir do seu valor inicial de VDD. A conceção dos tamanhos dos dispositivos baseia-se em puxar o nó abaixo de VS para forçar a célula a comutar através da ação regenerativa. Note-se que a linha de bits é puxada para baixo antes de a linha de palavras subir. O objetivo é reduzir o atraso global, uma vez que a linha de bits demorará algum tempo a descarregar devido à sua elevada capacitância.

1.5 CIRCUITO PERIFÉRICO

1.5.1 Circuito da coluna de escrita

Nesta secção, é descrito o funcionamento de um circuito de escrita simplificado para a célula SRAM. Primeiro, as colunas são pré-carregadas para VDD utilizando PM0 e PM1. De seguida, os sinais de endereço e de dados são configurados e mantidos estáveis durante um período de tempo necessário antes de o relógio ser aplicado. Os sinais de endereço são convertidos em sinais de seleção de coluna e de ativação de linha de palavra. Antes de a linha de palavras ser activada, os sinais de dados e de escrita são aplicados para puxar uma coluna para a terra, deixando o outro lado em VDD. Os transístores pull-down são dimensionados para descarregar a linha de coluna num determinado período de tempo. Quando a linha de palavra fica alta, a corrente flui para fora da célula e inverte o sentido da célula. A tensão interna da célula deve ser puxada abaixo do limiar de comutação para permitir que a célula mude de estado. Depois de ter mudado, a linha de palavra e as linhas de seleção de coluna podem voltar aos seus valores de espera. Haverá apenas um único circuito de escrita para cada coluna; a capacitância de toda a linha de bits deve ser tida em conta para conceber o parâmetro de dimensionamento do circuito de escrita. O circuito de escrita é apenas responsável por uma operação mais rápida do que a operação de leitura.

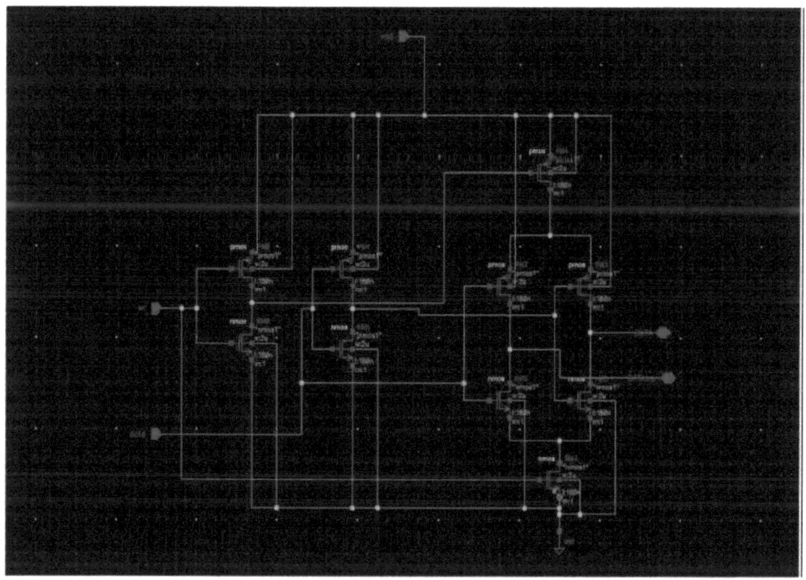

Figura 1.3. Circuito básico de escrita para uma célula SRAM

1.5.2 Circuito da coluna de leitura

O circuito de leitura é ativado quando a linha de palavra fica alta. Os transístores das células retiram corrente da coluna altamente capacitiva durante uma operação de leitura. Por conseguinte, a tensão das linhas de bits desce lentamente e pode causar tempos de acesso longos. Para reduzir o tempo de acesso de leitura, a memória é concebida de modo a que apenas seja necessária uma pequena alteração de tensão numa ou noutra linha da coluna para detetar o valor armazenado. São utilizados dois ou mais estágios de amplificação para gerar uma saída lógica válida quando a diferença de tensão entre bit e barra de bits é de cerca de 150 ou 200 mV. Assim, o atraso da coluna é apenas devido ao tempo necessário para atingir esta pequena alteração de tensão. Um dos circuitos pré-carregados é utilizado para elevar as linhas da coluna. Neste caso, as colunas são polarizadas em V_{DD}- De seguida, são aplicados os sinais de endereço, dados (não utilizados durante a leitura) e relógio. Mais uma vez, os sinais de endereço traduzem-se em sinais de ativação da coluna e da linha de palavra. Normalmente, a seleção da coluna e a ativação do sentido são activadas ao mesmo tempo. O amplificador de deteção é utilizado para fornecer saídas altas e baixas válidas utilizando a pequena diferença de tensão entre as entradas b e bbar. Normalmente, as SRAMs podem utilizar oito amplificadores de deteção idênticos para fornecer a saída simultânea de oito bits de dados. Quando se utilizam estes tipos de amplificadores de deteção, os transístores de pull-up da coluna devem ser cargas de reforço saturadas. Caso contrário, as entradas começariam em V_{DD} , o que dificultaria a polarização correta de M4 e M5 para a oscilação de saída desejada no nó de saída. A principal razão para utilizar este tipo de amplificador de deteção é melhorar a imunidade ao ruído e a velocidade do circuito de leitura. Uma vez que a oscilação de tensão nas linhas de bits é limitada devido às grandes capacitâncias, qualquer ruído nestas linhas pode causar um erro no processo de leitura. De facto, qualquer ruído que seja comum a b e não deve ser amplificado. Estamos apenas interessados nas mudanças de sinal diferencial entre as duas linhas de bits. O circuito pode ser dividido em três componentes: o espelho de corrente, o amplificador de fonte comum e a fonte de corrente de polarização. Todos os transístores são inicialmente colocados na região de saturação de funcionamento para que o ganho seja grande. Eles também usam grandes valores de comprimento de canal, L, para melhorar a linearidade. Os transístores actuam para fornecer a mesma corrente aos dois ramos do circuito. Esta condição de polarização de entrada requer a utilização dos circuitos de pull up de coluna. Com a polarização estabelecida, o amplificador de deteção funciona da seguinte forma. Inicialmente, as correntes de polarização nos dois ramos são iguais e as duas entradas estão em V_{DD} V_{TN} . Quando a tensão numa entrada diminui, diminui a corrente nesse ramo. Ao mesmo tempo, a corrente no outro ramo aumenta de valor para manter um total de I .ss

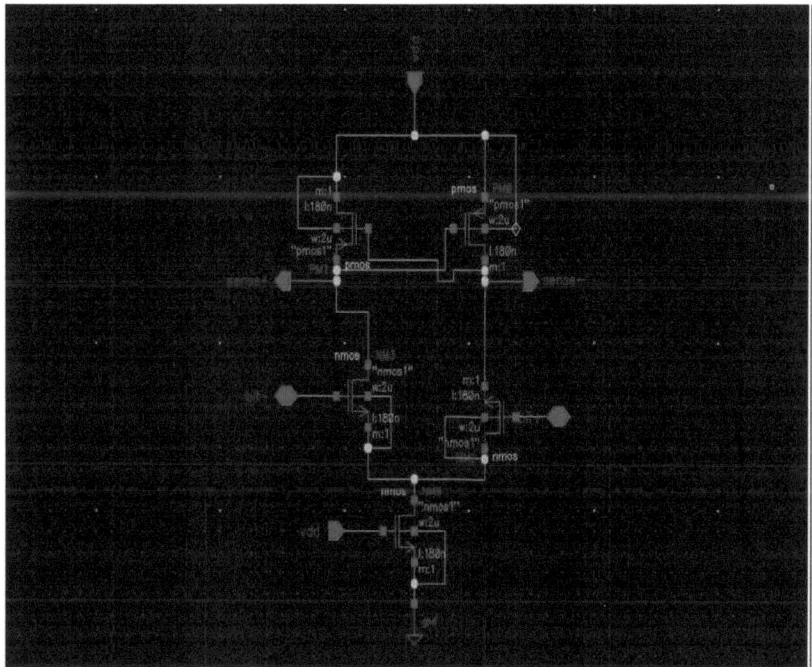

Figura 1.4. Circuito básico do amplificador de deteção para a célula SRAM

1.5.3 Circuito de pré-carga

Tanto nas operações de leitura como de escrita, as linhas de bits são inicialmente puxadas para uma tensão elevada próxima de V_{DD}. Os circuitos utilizados para pré-carregar as linhas de bits dependem do tipo de deteção utilizado na operação de leitura. Um sinal pré-carregado, PC, é aplicado aos dois pull-ups e a um terceiro transístor, chamado transístor de equilíbrio, ligado entre as duas linhas de bits para igualar os seus níveis de tensão. Quando o sinal da linha de palavra (WL) fica alto, uma linha de bits permanece alta e a outra cai a uma taxa linear até que WL fique baixa. A diferença entre as linhas de bits é introduzida num amplificador baseado num trinco sensível à tensão que é acionado quando a tensão diferencial excede um determinado limiar.

Este tipo de pull-up é adequado para amplificadores de deteção de tensão diferencial, uma vez que as tensões da linha de bits começam inicialmente em VDD. Esta tensão mais baixa é necessária para uma polarização correta e para a oscilação de saída do amplificador diferencial, como será descrito mais tarde. O sinal PC pode ser gerado de várias formas, mas normalmente é produzido pelo circuito de deteção de transição de endereço (ATD). Muitos dos sinais de temporização nas SRAMs são derivados deste circuito básico, pelo que é necessário acionar uma capacitância muito elevada. Por conseguinte, o sinal deve ser adequadamente armazenado em buffer utilizando o esforço lógico ou qualquer outro método de otimização. Uma vez gerado, pode ser invertido e aplicado aos elementos pré-carregados da linha de bits como o sinal PC. As transições de endereço ocorrem normalmente antes do início de um ciclo de relógio e, como resultado, a operação de pré-carga ocorre normalmente no final de um ciclo de memória anterior. O circuito básico de pré-carga é mostrado na figura 1.5.

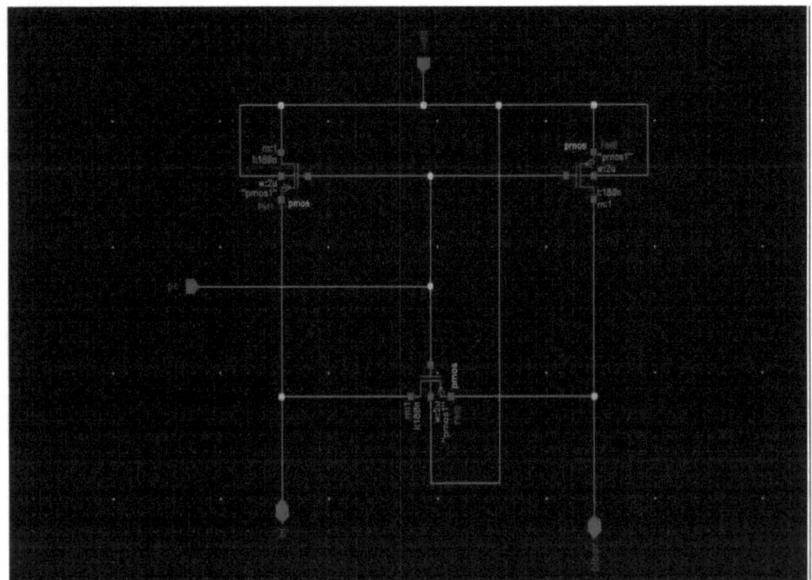

Figura 1.5. Circuito básico de pré-carga para uma célula SRAM

1.6 ARQUITECTURA SRAM

Os diferentes tipos de células SRAM baseiam-se no tipo de carga utilizada no inversor elementar da célula flip-flop. Alguns dos tipos de células de memória SRAM são os seguintes

1. A célula 4T (quatro transístores NMOS mais duas resistências de poli carga)
2. A célula 6T (seis transístores - quatro transístores NMOS e dois transístores PMOS)

Outros tipos propostos incluem:

1. Célula SRAM 7T
2. Célula SRAM 8T

3. Célula SRAM 9T

4. Célula SRAM 10T

5. Célula SRAM 11T

As configurações podem variar nos tipos de células acima referidos.

1.6.1 Célula SRAM 4T

A célula SRAM mais comum é constituída por quatro transístores NMOS mais duas resistências de poli-carga. Esta conceção é designada por SRAM de célula 4T (Singh et al., 2011). Destes quatro transístores NMOS, dois são transístores de passagem. Estes transístores têm as suas portas ligadas à linha de palavras e ligam a célula às colunas. Os outros dois transístores NMOS são os pull-downs dos inversores do flipflop. As cargas dos inversores consistem num resistor de polissilício muito alto. Este projeto é o mais popular devido ao seu tamanho em comparação com uma célula 6T. A célula precisa de espaço apenas para os quatro transístores NMOS. Embora a célula SRAM 4T possa ser mais pequena do que a célula 6T, continua a ser cerca de quatro vezes maior do que a célula de uma célula DRAM de geração comparável. No entanto, esta célula não é eficiente em termos energéticos e não é muito estável.

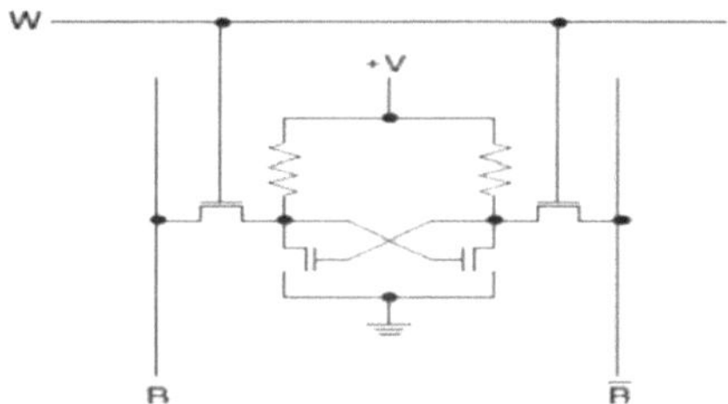

Figura 1.6. Célula 4T

1.6.2 Célula SRAM 6T

Um projeto de célula diferente que elimina as limitações acima referidas é a utilização de um flipflop CMOS. Neste caso, a carga é substituída por um transístor PMOS (Singh et al., 2011). Esta célula SRAM é composta por seis transístores, um transístor NMOS e um transístor PMOS para cada inversor, mais dois transístores NMOS ligados à linha de fileira. Esta configuração é designada por célula 6T. Esta célula oferece melhores desempenhos eléctricos (velocidade, imunidade ao ruído, corrente de espera) do que uma estrutura 4T. A principal desvantagem desta célula é o seu grande tamanho. Até há pouco tempo, a arquitetura da célula 6T estava reservada a nichos de mercado, como o militar ou o espacial, que necessitavam de componentes de elevada imunidade.

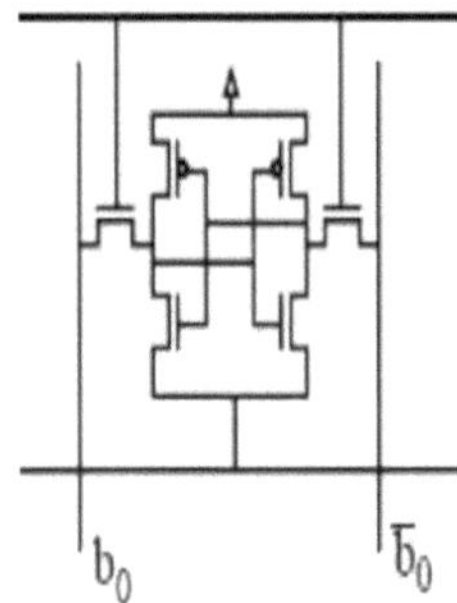

Figura 1.7. Célula 6T

1.6.3 Célula SRAM 7T

A célula 7TSRAM proposta utiliza um novo mecanismo de escrita, como mostra a figura 1.8 (Singh et al., 2011). O mecanismo de escrita depende apenas de uma das duas linhas de bits para realizar uma operação de escrita, o que reduz o fator de atividade de descarga do par de linhas de bits. A limitação reside no facto de ocupar mais área do que a célula SRAM 6T convencional.

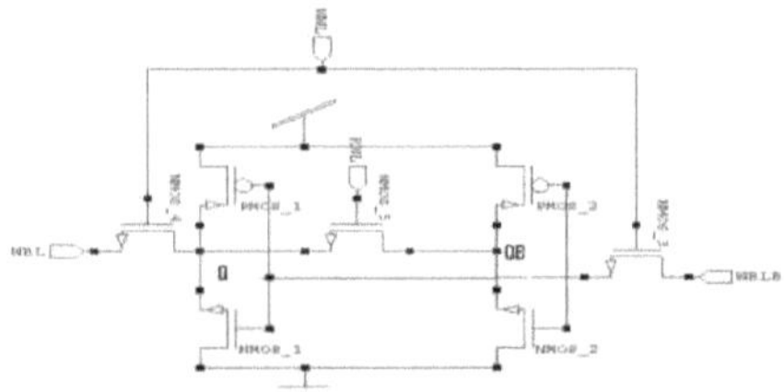

Figura 1.8. Configuração de uma célula 7T

1.6.4 Célula SRAM 8T

A configuração 8T proposta é criada pela adição de dois transístores de saída de dados à célula 6T. A vantagem da separação entre o elemento de retenção de dados e o elemento de saída de dados significa que não haverá correlação entre a célula e a célula SNM lida (Singh et al., 2011). Esta célula 8T tem mais 30% de área do que uma célula 6T convencional. Os 30% de área a mais são compostos não só pelos dois transístores adicionados, mas também pela área de contacto da WWL, a linha de palavras para operações de escrita.

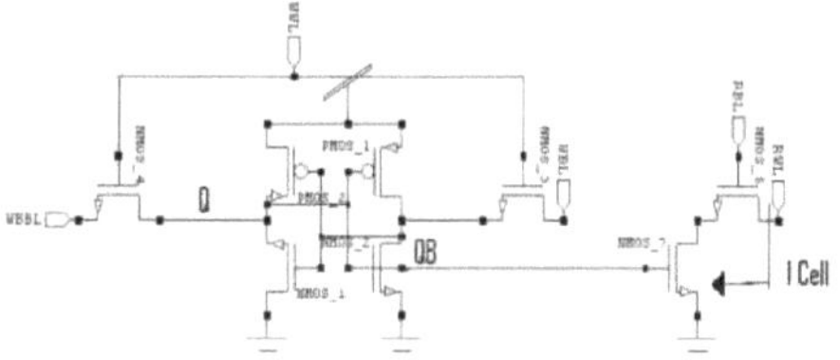

Figura 1.9. Configuração de uma célula 8T

1.6.5 Célula SRAM 9T

A configuração de uma célula SRAM 9T é apresentada na figura 1.10 (Singh et al., 2011). Este circuito apresenta uma potência de fuga reduzida e uma maior estabilidade dos dados. A célula SRAM 9T isola completamente os dados das linhas de bits durante uma operação de leitura. As células SRAM 9T ociosas são colocadas num modo de suspensão super-cutoff, reduzindo assim o consumo de energia de fuga em comparação com as células SRAM 6T padrão.

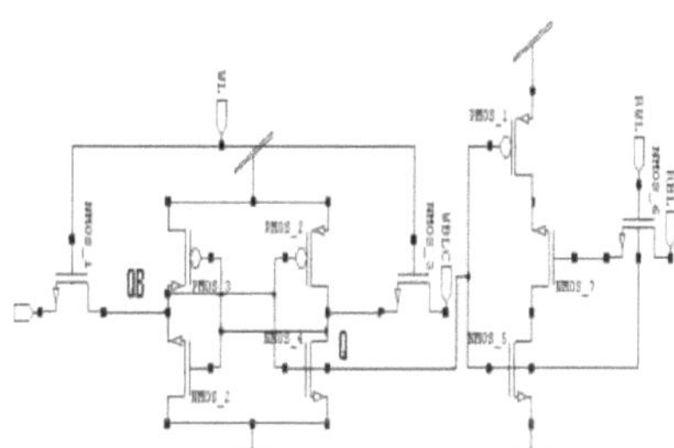

Figura 1.10. Configuração de uma célula 9T

1.6.6 Célula SRAM 10T

A SRAM de porta dupla proposta (10T) mostrada na Figura 1.11 tem apenas uma leitura ou escrita. Também é capaz de operar a SRAM na região de sublimiar (Singh et al., 2011). O circuito seguinte mostra uma poupança de energia substancial numa gama baixa de tensões de alimentação.

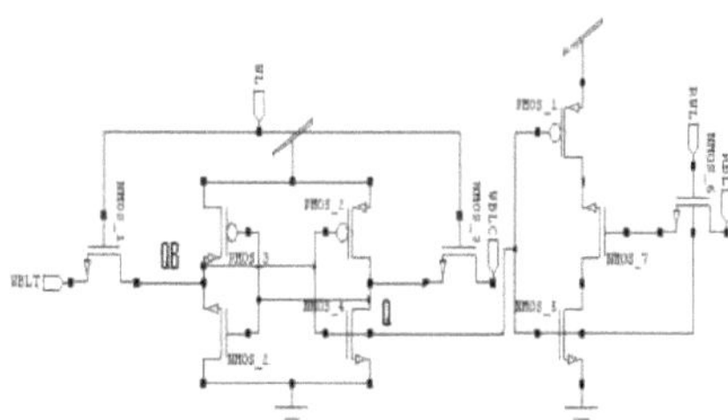

Figura 1.11. Configuração de uma célula 10T

1.6.6.1 Outra configuração

É proposta uma célula SRAM 10T modificada, como mostra a figura 1.12. Esta mostra uma célula SRAM 10T com linhas de bits de leitura diferenciais (BL e BLB) (Singh et al., 2011). Dois transístores NMOS para a RBL e os outros transístores NMOS adicionais para a BLB são anexados à SRAM 6T. Assim como a SRAM 8T, circuitos de pré-carga devem ser implementados na BL e BLB.

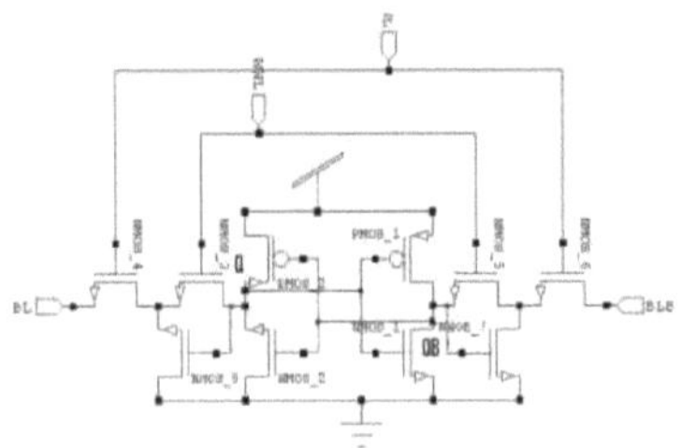

Figura 1.12. Configuração de uma célula 10T

1.6.7 Célula SRAM 11T

O esquema de uma célula 11T-SRAM proposta é apresentado na figura 1.13 (Singh et al., 2011). Os transístores são idênticos aos da SRAM 6T, mas dois transístores NMOS_1 e NMOS_2 são reduzidos para o mesmo tamanho que os transístores PMOS. Foram utilizados transístores de tamanho mínimo para os circuitos 5T adicionados, exceto o transístor de acesso que tem um tamanho maior. A parte mais importante da 11T-SRAM é um condensador de reforço (CB) que liga a fonte do NMOS_3 ao RDWL.

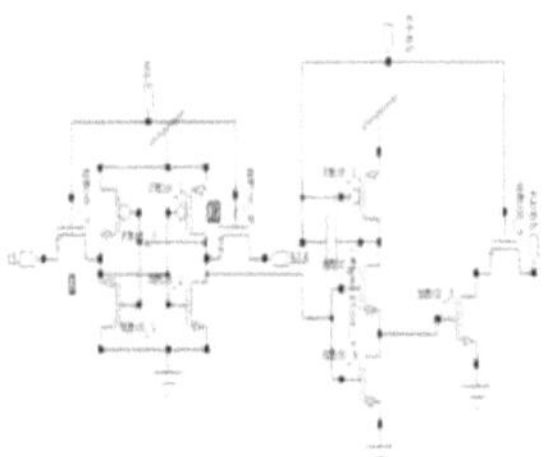

Figura 1.13. Configuração de uma célula 11T

1.7 FUGA NO INTERIOR DA CÉLULA SRAM

No estado inativo, a linha de palavra de uma célula SRAM é mantida baixa e a linha de bit é carregada para VDD. O estado inativo ocorre entre as operações de leitura e escrita. No estado inativo, diferentes transístores dissipam energia de fuga, dependendo do valor armazenado na célula. Esta corrente de fuga deve a sua origem principalmente a dois mecanismos de fuga dominantes: a fuga no sublimiar e a fuga na porta. Os principais factores que contribuem para a corrente de fuga da porta são o tunelamento do óxido da porta e a injeção de portadores quentes do substrato para o óxido da porta. A fuga de drenagem induzida pela porta (GIDL) é outro mecanismo de fuga significativo, resultante da depleção na superfície de drenagem abaixo da região de sobreposição porta-dreno. Para além da espessura do óxido de porta e do escalonamento da junção, outra técnica para melhorar as caraterísticas de canal curto é a engenharia de poços ou as técnicas de fabrico. Ao alterar o perfil de dopagem na região do canal, a distribuição do campo elétrico e os contornos potenciais, as capacitâncias parasitas podem ser alteradas. O objetivo é otimizar o perfil do canal para minimizar a fuga fora de estado e maximizar as correntes de condução linear e saturada. Nas tecnologias à escala nanométrica, pensava-se que a corrente de sublimiar da fonte de drenagem era o mecanismo de fuga dominante.

1.7.1 Fuga abaixo do limiar

A fuga sublimiar é a corrente dreno-fonte de um transístor quando a tensão porta-fonte é inferior à tensão limiar, ou seja, quando $V_{gs} < V_t$ (Figura 1.14) (Razavipour et al., 2009). De uma forma clara, a fuga sublimiar ocorre quando o transístor está a funcionar na região de inversão fraca. A corrente sublimiar depende exponencialmente da tensão limiar, que se torna significativa em dispositivos de canal curto. Para reduzir a fuga subliminar de uma célula SRAM, podemos aumentar a tensão de limiar de todos ou de alguns dos transístores da célula. O inconveniente desta técnica é o aumento do atraso da célula. Se a tensão de limiar dos transístores PMOS pull up for aumentada, o atraso de escrita aumenta, ao passo que o efeito sobre o atraso de leitura é negligenciável. Por outro lado, se a tensão de limiar dos transístores NMOS pull down for aumentada, o atraso de leitura aumenta, ao passo que o efeito sobre o atraso de escrita é marginal. Aumentando a tensão de limiar dos transístores de passagem, os atrasos de leitura e de escrita aumentam. Devido ao atraso dos amplificadores de deteção e dos buffers de saída num percurso de leitura, o atraso de escrita de uma célula SRAM tende a ser inferior ao seu atraso de leitura.

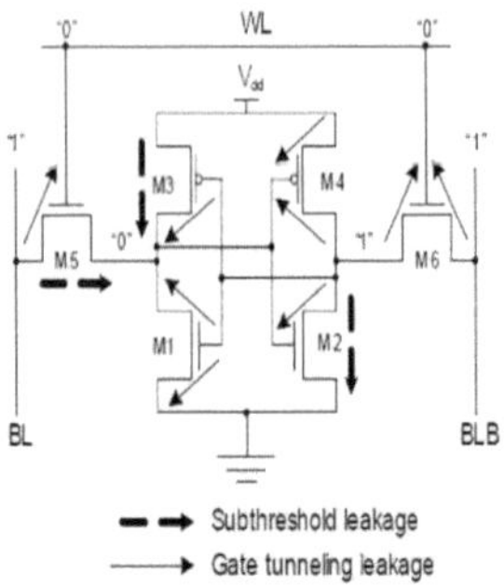

Figura 1.14. Fuga de sublimiar

1.7.2 Fuga de túneis de portão

O tunelamento de electrões ou buracos do silício através do óxido de porta para a porta resulta na corrente de tunelamento de porta num transístor NMOS (PMOS), tal como referido no capítulo 1. A corrente de tunelamento de porta é composta por três componentes principais:

1. Corrente de sobreposição da porta à fonte e da porta ao dreno
2. Corrente da porta para o canal, parte da qual vai para a fonte e o resto vai para o dreno
3. Corrente do portão para o substrato.

A corrente de fuga da porta para o substrato é várias ordens de grandeza inferior à corrente de tunelamento por sobreposição e à corrente da porta para o canal (Razavipour et al., 2009). Por outro lado, enquanto a corrente de tunelamento por sobreposição domina a fuga da porta no estado OFF, o tunelamento da porta para o canal dita a corrente da porta no estado ON. Uma vez que as regiões de sobreposição da porta à fonte e da porta ao dreno são muito mais pequenas do que a região do canal, a corrente de tunelamento da porta no estado OFF é muito menor do que a corrente de tunelamento da porta no estado ON (Razavipour et al., 2009). Se o óxido de porta geralmente utilizado for o S1O2, os transístores PMOS terão uma fuga de porta cerca de uma ordem de grandeza inferior à dos transístores NMOS. As correntes de fuga sublimiar e de tunelamento de porta de uma célula SRAM que armazena "0" são mostradas na Figura 1.15 (Razavipour et al., 2009).

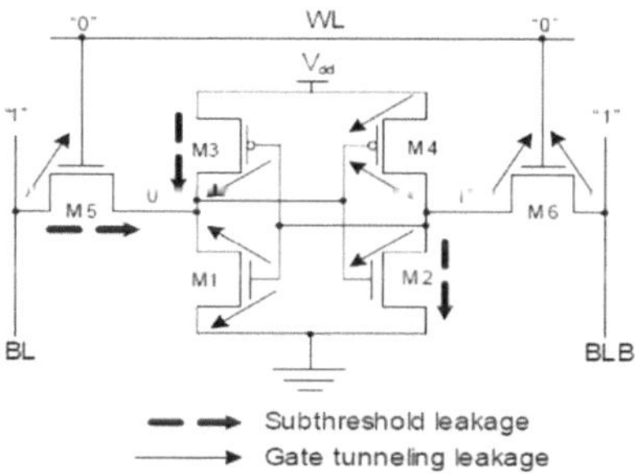

Figura 1.15. Fuga de túneis de porta

1.7.3 Consideração de potência na célula SRAM

Para reduzir o consumo de energia em SRAMs, todos os factores que contribuem para a potência total devem ser visados. As técnicas mais eficientes utilizadas nas memórias recentes são

1. Redução da capacitância
2. Redução da corrente DC
3. Redução da corrente AC
4. Redução da tensão de funcionamento.
5. Redução da corrente de fuga

1. Redução da capacitância: Os elementos capacitivos dominantes numa memória são a linha de palavras, as linhas de bits e a linha de dados, cada uma com um número de células a elas ligadas. Por conseguinte, a redução do tamanho destas linhas pode ter um impacto significativo na redução da capacitância e do consumo de energia.

2. Técnicas de funcionamento por impulsos: A utilização da pulsação das linhas de palavra, equalização e linhas de deteção pode encurtar o ciclo de funcionamento ativo e, assim, reduzir a dissipação de energia.

3. Redução da corrente AC: As técnicas de circuito que reduzem a corrente alternada nas memórias são uma descodificação em várias fases. É um facto comum que, como os descodificadores CMOS estáticos rápidos se baseiam na arquitetura de descodificação, o número de transístores, o fan-in e a carga nos buffers de entrada de endereço são reduzidos. Consequentemente, tanto a velocidade como a potência são optimizadas.

1.8 TÉCNICAS DE CONCEPÇÃO DE BAIXA POTÊNCIA E COMPONENTES DE FUGA

Este tópico abordará os vários componentes de fuga e as técnicas para tornar o circuito eficiente em termos de fuga.

1.8.1 Mecanismo de fuga no transístor CMOS

A procura de projectos sensíveis à energia tem crescido significativamente. A enorme procura deveu-se principalmente ao rápido crescimento das aplicações portáteis alimentadas por bateria, como computadores portáteis, assistentes pessoais digitais, telemóveis inteligentes e outros dispositivos de comunicação portáteis. Os dispositivos semicondutores têm sido objeto de uma escalada agressiva em cada geração tecnológica para alcançar um elevado desempenho e uma elevada densidade de integração. O consumo de energia numa matriz está a aumentar a cada geração tecnológica. A tensão de alimentação é escalonada para manter o consumo de energia dentro dos limites. No entanto, o escalonamento da tensão de alimentação é limitado pelo requisito de elevado desempenho. A tensão de alimentação é escalonada para obter uma energia de comutação mais baixa por dispositivo. O escalonamento da tensão de alimentação conduz ao escalonamento da tensão de limiar, o que leva a um aumento exponencial da corrente de fuga sublimiar (Borkar, 1999). Uma pequena variação no comprimento do canal pode resultar numa grande variação de V_{th}, o que torna as caraterísticas do dispositivo imprevisíveis. Para evitar os efeitos de canal curto, é necessário incorporar um escalonamento da espessura do óxido e uma dopagem mais elevada e não uniforme à medida que os dispositivos são escalonados (Roy et al., 2000). Uma dopagem mais elevada resulta num campo elétrico elevado através das junções p-n com polarização inversa (fonte-substrato ou dreno-substrato), o que provoca um tunelamento significativo entre bandas (BTBT) de electrões da banda de valência da região p para a banda de condução da região n. Existem outros mecanismos de fuga para além da porta, da BTBT da junção e da fuga sublimiar que são produto de geometrias pequenas (Taur et al., 1998). À medida que a tensão de dreno V_D aumenta, a região de depleção dreno-canal alarga-se e pode resultar numa corrente de dreno significativa. Além disso, à medida que a largura do canal diminui, a tensão de limiar e a corrente de desativação são ambas moduladas pela largura do transístor, dando origem a um efeito significativo de largura estreita que resulta na corrente de superfície do canal. A fuga de dreno induzida pela porta (GIDL) é outro mecanismo de fuga significativo devido à depleção na superfície do dreno abaixo da região de sobreposição porta-dreno. Durante o modo de funcionamento normal, as principais correntes de fuga são a fuga de porta, a BTBT de junção e a fuga sublimiar. Nas tecnologias nanométricas, uma parte significativa do consumo total de energia deve-se às correntes de fuga. Também contribuem para o consumo de energia durante o funcionamento em modo de espera, reduzindo a duração da bateria. Por conseguinte, são necessárias técnicas para reduzir a energia de fuga, mantendo o elevado desempenho. São necessárias novas técnicas de circuitos de baixo consumo para reduzir a fuga total em circuitos à escala nanométrica.

1.8.2 Componentes de fuga

A dissipação de potência num circuito é geralmente constituída por dois componentes, nomeadamente, a dissipação de potência estática e a dissipação de potência dinâmica. Estas são descritas a seguir:

1.8.2.1 Potência dinâmica

Na dissipação dinâmica de potência, há dois componentes: um é a potência de comutação devido à carga e descarga da capacitância da carga (Paul et al., 2006). O outro é a potência de curto-circuito devido ao tempo de subida e descida não nulo das formas de onda de entrada. A potência de comutação de uma porta única pode ser expressa como na equação 1.

$$P_D = \alpha C_L V^2_{DD} f \tag{1}$$

em que a é a atividade de comutação, f é a frequência de funcionamento, C_L a capacidade de carga e V_{DD} a tensão de alimentação.

1.8.2.2 Potência de fuga

Existem três componentes principais de fuga num MOSFET no regime nanométrico:

1. **Fuga sublimiar**: É a corrente de fuga do dreno para a fonte, como mostra a figura 1.16.

2. **Fuga de porta por tunelamento direto**: Deve-se ao tunelamento de electrões (ou buracos) do silício a granel através da barreira de potencial do óxido de porta para a porta

3. **Fuga BTBT da junção p-n com polarização inversa fonte/substrato e dreno/substrato:**

Prevê-se que esta componente de fuga seja grande nos dispositivos com menos de 50 nm.

Não se espera que outros componentes da corrente de fuga, como GIDL, ionização por impacto, etc., sejam grandes para operações CMOS normais.

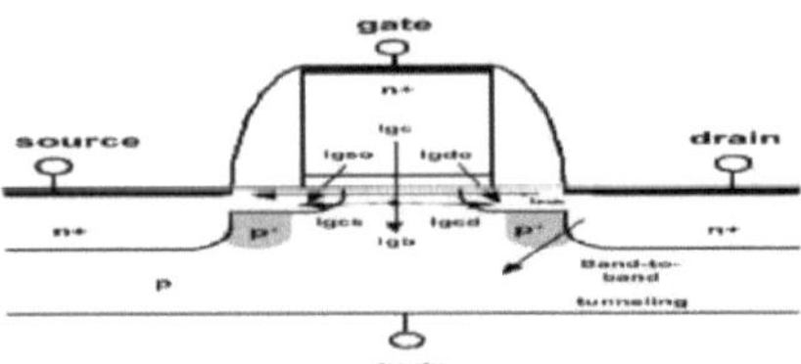

Figura 1.16. Componentes de fuga num MOS convencional (Paul et al., 2006).

1. **Fuga de sublimiar**

A corrente de sublimiar entre a fonte e o dreno num transístor MOS ocorre quando a tensão da porta é inferior a V_{th} (Singh et al., 2011), ou seja, $V_G < V_{TH}$ - A corrente de inversão fraca é apresentada na equação 2 e A é expressa na equação 3.

$$I_{subth} = Ae^{(q/nkT)(V_{GS} - V_{TH0} - \gamma' V_{SB} + \eta V_{DS})}(1 - e^{(-qV_{DS}/kT)}) \quad (2)$$

$$A = \mu_0 C'_{OX} W / L_{eff} (kT/q)^2 e^{1.8} \quad (3)$$

em que V_G , V_D , V_S e V_B são a tensão de porta, a tensão de dreno, a tensão de fonte e a tensão de corpo do transístor, respetivamente. O efeito de corpo é representado pelo termo V_{SB} , em que γ' é o coeficiente de efeito de corpo linearizado. η é o coeficiente DIBL, que representa o efeito de V_{DS} na tensão de limiar. C_{ox} é a capacitância de óxido de porta. μ_o é a mobilidade de polarização zero e *n* é o coeficiente de oscilação sublimiar do transístor. Esta equação mostra a dependência exponencial da fuga sublimiar em relação a V_{tho} , V_{GS} , V_{DS} (devido a DIBL) e V_{SB} -

2. **Fuga de porta**

A corrente de tunelamento direto da porta deve-se ao tunelamento de electrões (ou buracos) do silício através da barreira de potencial do óxido da porta para a porta. A estrutura do dispositivo e a condição de polarização também afectam a fuga de porta (Paul et al., 2006). Esta aumenta com o aumento da queda de tensão através do óxido (v_{ox}). A tensão através do óxido em diferentes regiões (canal, sobreposição porta-fonte e região de sobreposição porta-dreno) depende da polarização dos nós que representam a região. Alguns dos componentes do tunelamento de porta num dispositivo MOSFET à escala são os seguintes

1. Componentes de tunelamento direto de extremo (EDT) entre a porta e a região de extensão do dreno da

fonte (I_{gso} e $I_{.gdo}$)

2. Corrente da porta para o canal (I_{gc}), parte da qual vai para a fonte (I_{gcs}) e o resto vai para o dreno (I_{gsd}).

3. Corrente de fuga da porta para o substrato (I_{gb}).

3. Fuga da junção PN fonte/substrato e dreno/substrato

As junções dreno e fonte para a massa são tipicamente polarizadas inversamente, causando uma corrente de fuga na junção pn (Paul et al., 2006). Uma fuga na junção pn com polarização inversa deve-se à difusão/deslocação de portadores minoritários perto do limite da região de depleção. Na presença de um campo elétrico elevado, os electrões fazem um túnel através de uma junção p-n com polarização inversa. O tunelamento ocorre quando a queda de tensão total através da junção é maior do que o intervalo de banda do semicondutor.

1.8.3 Técnicas de redução de potência dinâmica

Embora a potência de fuga aumente significativamente em cada geração com o aumento da tecnologia, a potência dinâmica continua a dominar a dissipação total de potência dos circuitos VLSI. Algumas das técnicas de circuito incluem a otimização da dimensão dos transístores e das interligações, o relógio com portas, as tensões de alimentação múltiplas e o controlo dinâmico da tensão de alimentação.

1.8.3.1 Dimensionamento de transístores e otimização de interligações

A melhor forma de reduzir a capacitância de junção, bem como a capacitância de porta global, é redimensionar o tamanho do transístor para um determinado desempenho. Foram propostas muitas técnicas de dimensionamento para minimizar a área do circuito (e, consequentemente, a potência), mantendo o desempenho. As técnicas de dimensionamento podem ser divididas principalmente em dois tipos:

1. **Otimização baseada no caminho:** Neste caso, as portas nos caminhos críticos são redimensionadas para atingir o desempenho desejado, enquanto as portas nos caminhos não críticos são redimensionadas para reduzir o consumo de energia.

2. **Otimização global**: Neste caso, todas as portas de um circuito são optimizadas globalmente para um determinado atraso.

1.8.3.2 Controlo do relógio

A passagem de relógio é uma forma eficaz e uma técnica amplamente utilizada para reduzir a dissipação de potência dinâmica em circuitos digitais (Garrett et al., 1999). Num circuito síncrono típico, apenas uma parte do circuito está ativa num dado momento. Assim, ao desligar a parte inativa do circuito, pode evitar-se o consumo desnecessário de energia. Isto pode ser feito mascarando o relógio que vai para a parte inativa do circuito. Isto evita a comutação desnecessária das entradas para o bloco de circuito inativo, reduzindo a potência dinâmica. A Figura 1.17 mostra um diagrama de blocos de um projeto de relógio bloqueado (Paul et al., 2006). As entradas para a lógica combinacional são feitas através dos registos, que são normalmente compostos por elementos sequenciais, como flip-flops D. Um projeto de relógio fechado pode ser obtido modificando a estrutura de relógio mostrada na Figura 1.18. Um sinal de controlo (F_a) é utilizado para parar seletivamente o relógio local (L_{CLK}) quando o bloco combinacional não é utilizado. O relógio local é bloqueado quando f_a está alto. A trava mostrada é necessária para evitar que quaisquer falhas em f_a se propaguem para a porta AND quando o relógio global (G_{CLK}) estiver alto. O sinal f_a só é válido antes da borda ascendente do relógio global. Quando o relógio global é baixo, o latch é transparente, no entanto, f_a não afecta a porta AND. Se f_a for alto durante a transição de baixo para alto do relógio global, então o relógio global será bloqueado pela porta AND e o relógio local permanecerá em baixo. Ao utilizar esta técnica, podemos poupar energia, o que é uma vantagem para os dispositivos portáteis.

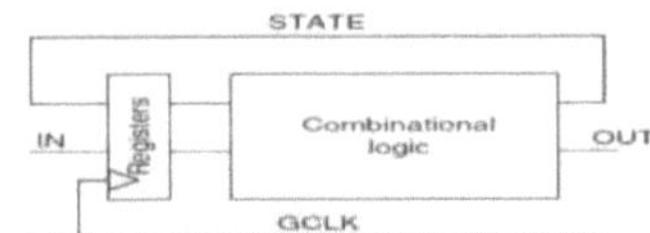

Figura 1.17. Um FSM convencional de relógio único (Paul et al., 2006).

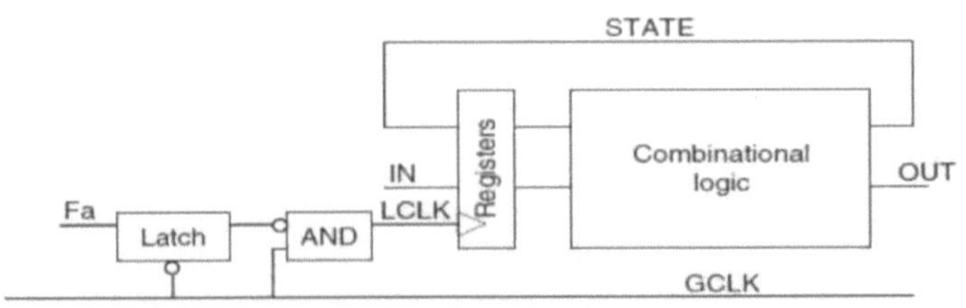

Figura 1.18. Um FSM de relógio fechado (Paul et al., 2006).

1.8.3.3 Funcionamento a baixa tensão

Uma vez que o consumo de energia está diretamente relacionado com a alimentação, o escalonamento da tensão de alimentação foi desenvolvido para reduzir a potência de comutação. O escalonamento da tensão de alimentação também ajuda a reduzir a potência de fuga, uma vez que a fuga sublimiar devida a GIDL e DIBL diminui, bem como a componente de fuga da porta quando a tensão de alimentação é reduzida. Em determinadas tecnologias, é demonstrado que o escalonamento da tensão de alimentação tem um impacto da ordem de V^3 e V^4 na fuga sublimiar e na fuga de porta, respetivamente (Paul et al., 2006). No entanto, uma vez que o atraso da porta aumenta com a diminuição de V_{DD} , a redução global de V_{dd} degrada o desempenho global do circuito. Para obter benefícios de baixo consumo de energia sem comprometer o desempenho, são sugeridas duas formas de baixar a tensão de alimentação: escalonamento estático e dinâmico da alimentação.

1.8.4 Técnicas de redução da potência de fuga

Os circuitos são, na sua maioria, concebidos com o objetivo de obter o melhor desempenho para satisfazer os requisitos globais de tempo de ciclo do sistema. Podem ser compostos por portas de grandes dimensões, arquitecturas altamente paralelas com duplicação lógica. Nestes circuitos, o consumo de energia de fuga é substancial. Por vezes, cada aplicação pode não exigir que um circuito rápido funcione sempre ao mais alto nível de desempenho. É interessante conceber métodos que possam reduzir a potência de fuga consumida por estes circuitos. Foram propostas diferentes técnicas de circuitos para reduzir a energia de fuga. Estas técnicas podem ser classificadas com base em quando e como utilizam os relógios de temporização, por exemplo, V_{th} duplo atribui estaticamente V_{th} elevado a alguns transístores em caminhos não críticos no momento da conceção, de modo a reduzir a corrente de fuga, como mostra a figura 1.19. As técnicas que utilizam a folga em tempo de execução podem ser divididas em dois grupos, consoante reduzam a fuga em espera ou a fuga ativa. As técnicas de redução de fugas em modo de espera colocam todo o sistema num modo de baixa fuga quando a computação não é necessária, como mostra a figura 1.19. As técnicas de redução de fugas activas tornam o sistema mais lento, alterando dinamicamente o V_{th} para reduzir as fugas quando não é necessário um desempenho máximo.

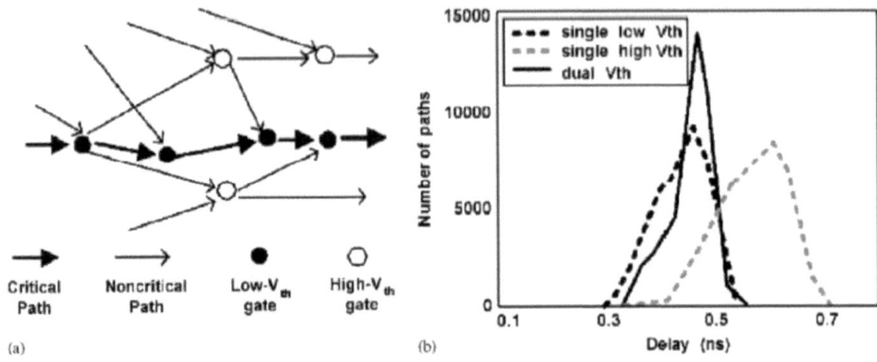

Figura 1.19. (a) Um circuito CMOS de duplo V_{th} , (b) distribuição de trajectórias de duplo V_{th} e de um único V_{th} CMOS (Paul et al., 2006).

1.8.4.1 Técnicas de tempo de conceção

As técnicas de tempo de projeto exploram a folga de atraso em caminhos não críticos para reduzir as fugas. Uma técnica utilizada é a Dual Threshold CMOS

CMOS de limiar duplo

Pode ser atribuído um V_{th} elevado a alguns transístores nos percursos não críticos, de modo a reduzir a fuga sublimiar, enquanto o desempenho não é afetado pela utilização de transístores V_{th} baixos no(s) percurso(s) crítico(s). Sem necessidade de circuitos adicionais, é possível obter simultaneamente um elevado desempenho e baixas fugas. O circuito CMOS de duplo V_{th} tem o mesmo atraso crítico que o circuito CMOS de baixo V_{th} único, mas os transístores em caminhos não críticos podem ser atribuídos a um V_{th} elevado para reduzir a potência de fuga. Esta tecnologia é eficaz na redução da potência de fuga tanto no modo de espera como no modo ativo. São propostas muitas técnicas de conceção que consideram o redimensionamento do transístor de alta V_{th} numa conceção de duplo V_{th} para melhorar o desempenho. O aumento do tamanho do transístor afecta a potência de comutação e a área da matriz, que podem ser compensadas pela utilização de um transístor de baixa V_{th} , que aumenta a potência de fuga (Paul et al., 2006). A lógica de dominó pode ser suscetível a fugas, especialmente as portas de dominó OR largas. A lógica de avaliação de limiar baixo reduz a imunidade ao ruído. Assim, para tecnologias de escala, a lógica dominó pode exigir transístores de maior dimensão que, por sua vez, podem afetar a velocidade (Kao et al., 2000). Devido às direcções de transição fixas na lógica de dominó, pode atribuir-se facilmente V_{th} baixo a todos os transístores que comutam durante o modo de avaliação e V_{th} alto a todos os transístores que comutam durante os modos de pré-carga. Quando um estágio lógico de dominó de V_{th} duplo é colocado no modo de espera, o relógio do dominó precisa ser alto para desligar os dispositivos de V_{th} alto. Para garantir que o nó interno permaneça em ZERO lógico sólido, o que desliga o detentor de alta V_{th}, as entradas iniciais na porta do dominó devem ser definidas como altas. É possível obter um dispositivo de alta V_{th} variando diferentes parâmetros, por exemplo, alterando o perfil de dopagem, utilizando uma maior espessura de óxido e aumentando o comprimento do canal. Cada parâmetro tem o seu próprio compromisso em termos de custo do processo, efeito em diferentes componentes de fuga e SCE. A tensão de limiar pode ser variada através das seguintes técnicas:

1. Dopagem do canal
2. Maior espessura de óxido
3. Grande comprimento do canal

1.8.5 Técnicas de tempo de execução

Algumas das técnicas para reduzir as fugas em tempo de execução são as seguintes

1. **Redução de fugas em modo de espera**:

Neste caso, congelamos os circuitos que não estão a ser utilizados (Paul et al., 2006).

2. **Pilha de transístores naturais**:

As correntes de fuga nos transístores NMOS ou PMOS dependem exponencialmente da tensão nos quatro terminais do transístor. A figura 1.20 mostra claramente que, com o aumento do número de transístores empilhados, a corrente de fuga diminui.

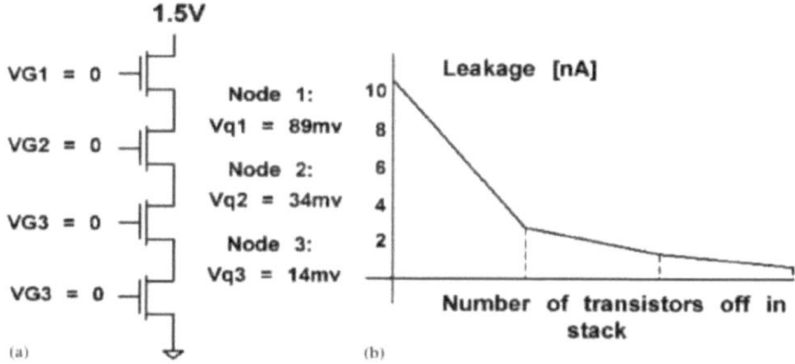

Figura 1.20. (a) Efeito do empilhamento de transístores na tensão da fonte, (b) corrente de fuga vs. número

de transístores desligados na pilha (Paul et al., 2006).

3. **Transístor de sono:**

Esta técnica amplamente utilizada insere um transístor suplementar ligado em série (sleep transistor) na via pull-down/pull-up de uma porta e desliga-o no modo de funcionamento em espera (Johnson et al., 1999). Durante o modo de funcionamento normal, este transístor adicional é ligado. Isto permite poupanças significativas na corrente de fuga durante o modo de funcionamento em espera. No entanto, devido ao transístor extra empilhado (transístor de suspensão), o atraso aumenta. Por conseguinte, esta técnica só pode ser utilizada em trajectos não críticos. Se V_{th} do transístor de repouso for elevado, é possível poupar mais fugas. A figura 1.21 apresenta um exemplo de circuito.

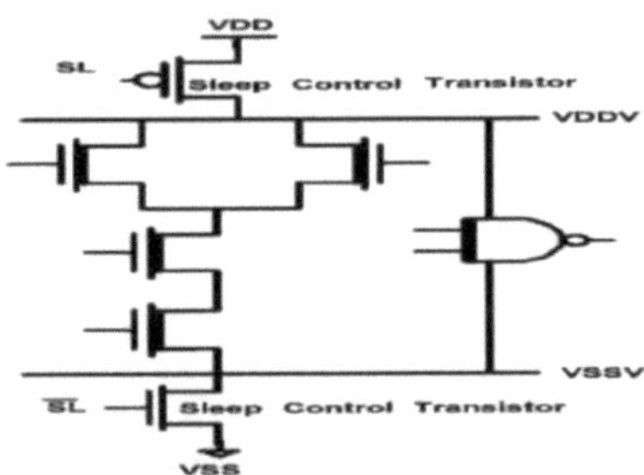

Figura 1.21. Um exemplo de transístor de pilha sonolento (Paul et al., 2006).

4. **Inclinação do corpo para trás/para a frente:**

O CMOS de limiar variável é uma técnica de conceção de polarização do corpo. Para obter diferentes tensões de limiar, pode ser utilizado um circuito de polarização do auto-substrato para controlar a polarização do corpo. No modo ativo, é aplicada uma polarização de corpo zero ao circuito (Paul et al., 2006). No modo de espera, é aplicada uma polarização inversa profunda do corpo para aumentar a tensão de limiar e cortar a corrente de fuga. Atualmente, a polarização do corpo para a frente tem sido proposta para obter uma melhor condução de corrente com menos efeito de canal curto.

5. **Técnicas activas de redução de fugas:**

Durante o modo de funcionamento ativo, o circuito funciona a uma temperatura um pouco mais elevada. A fuga sublimiar aumenta exponencialmente com a temperatura. Devido ao aumento exponencial da fuga, a potência de fuga ativa nas gerações sub-100nm representa uma grande fração do consumo total de energia, mesmo durante o tempo de funcionamento. No entanto, nem todas as aplicações exigem que um circuito rápido funcione sempre ao mais alto nível de desempenho. As técnicas de redução ativa de fugas exploram esta ideia para abrandar intermitentemente os circuitos rápidos e reduzir o consumo de energia de fuga, bem como o consumo de energia dinâmico, quando não é necessário um desempenho máximo. As técnicas de escalonamento dinâmico V_{th} são amplamente utilizadas nas técnicas de redução ativa de fugas.

1.9 RESUMO: TÉCNICAS PARA REDUZIR AS FUGAS NAS MEMÓRIAS

Numa célula SRAM 6T convencional; VSL, VPWELL, VNWELL, VDL, VWL, VBL e VBLB são sete terminais disponíveis. A figura 1.22 mostra-o. Foram propostas várias arquitecturas de células SRAM em que uma ou mais das tensões dos sete terminais são controladas durante o modo de espera para reduzir os componentes de fuga. Cada técnica explora o facto de a parte ativa de uma cache ser muito pequena, o que dá a oportunidade de colocar a grande parte inativa num modo de espera com poucas fugas. A eficácia e a sobrecarga de cada técnica dependem do seguinte: Em primeiro lugar, deve ser considerado o impacto da técnica nos vários componentes de fuga. Embora as fugas sublimiares continuem a dominar o I_{OFF} , os óxidos ultrafinos e as elevadas concentrações de dopagem conduziram a um rápido aumento das fugas de porta de tunelamento direto e das fugas BTBT nas junções de fonte e dreno no regime nanométrico. Em segundo lugar, deve ser considerado o impacto da técnica de redução de fugas no atraso de leitura/escrita da SRAM. Em terceiro lugar, deve ser tida em conta a latência da transição e a sobrecarga de energia, devido ao tempo limitado e ao orçamento de energia para a transição de modo.

O esquema de polarização da fonte aumenta a tensão da linha de fonte (VSL) no modo de suspensão, o que reduz a fuga sublimiar devido aos três efeitos. Um NMOS extra tem de ser ligado em série no percurso de descida para cortar a linha da fonte da terra durante o modo de suspensão, o que, por sua vez, impõe um atraso de acesso adicional.

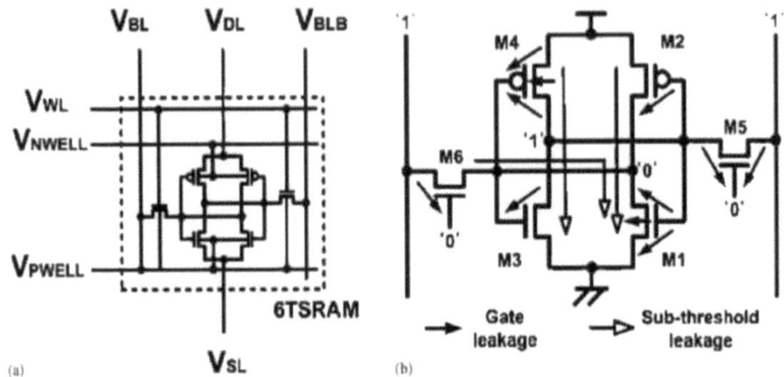

Figura 1.22. (a)Sete terminais da célula SRAM 6T.
(b) Componentes de fuga numa SRAM de 6T (Paul et al., 2006).

1.10 SOBRE A FERRAMENTA UTILIZADA

1.10.1 Introdução à Cadence

A Cadence permite a inovação global do design eletrónico e desempenha um papel essencial na criação dos actuais circuitos integrados e eletrónica. Os clientes utilizam software e hardware, metodologias e serviços da Cadence para conceber e verificar semicondutores avançados, eletrónica de consumo, equipamento de rede e telecomunicações e sistemas informáticos.

1.10.2 Cadence Virtuoso

A ferramenta Virtuoso da cadence é o ambiente avançado de projeto e simulação para a plataforma Virtuoso. Dá aos projectistas acesso a um novo fluxo de estimativa e comparação de parasitas e a algoritmos de otimização que ajudam a centrar melhor os projectos para melhorar o rendimento e análises avançadas de correspondência e sensibilidade. Ao suportar a exploração extensiva de vários projectos em relação às suas especificações objectivas, o Virtuoso Analog Design Environment ajuda na verificação rápida e precisa do projeto.

1.10.3 Ambiente Cadence

A ferramenta Cadence de conceção de circuitos integrados personalizados é um conjunto de ferramentas que vão desde a captura esquemática, simulação, disposição e verificação física. O conjunto de ferramentas e os ficheiros de configuração no ambiente Cadence são ilustrados a seguir:

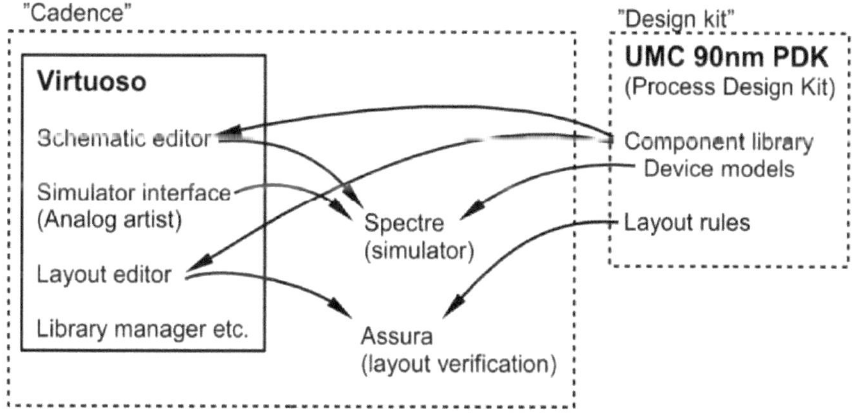

Figura 1.23. Ambiente Cadence (cortesia: www.cadence.com)

Virtuoso: o nome comum do produto para as ferramentas de entrada de esquemático e layout.

CDB: A base de dados onde são armazenados os esquemas e os layouts. A base de dados encontra-se no diretório do projeto. Na versão 6.1 da Cadence, o CDB foi substituído por um banco de dados chamado OpenAccess.

Spectre: O simulador analógico. É uma versão optimizada do Spice.

Assura: A ferramenta de verificação física fornecida pela Cadence. A Assura realiza DRC (Design Rule Check) e LVS (Layout Versus Schematic) do layout, bem como a extração de parasitas.

A figura 1.23 mostra o fluxo do projeto de CI analógico e as várias ferramentas de cadência envolvidas.

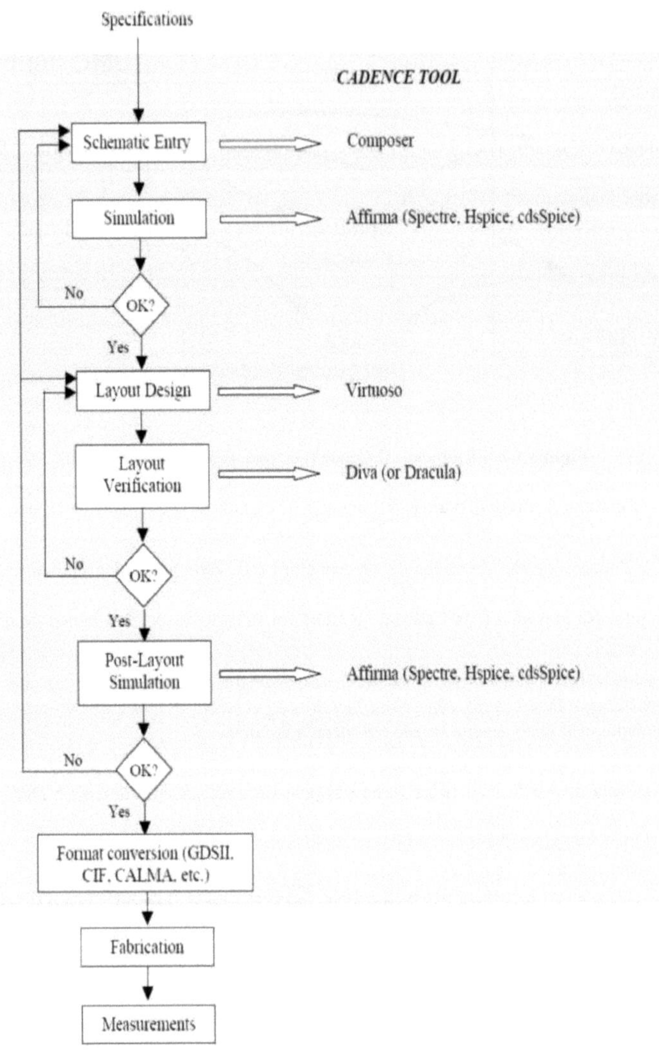

Figura 1.24. Fluxo de projeto de CI analógico e várias ferramentas envolvidas (Cortesia: http://www.ece.nmsu.edu/vlsi/cadence/CADENCE%20Manual.pdf)

CAPÍTULO 2

PESQUISA BIBLIOGRÁFICA

Paul et al. (2006) apresentaram o efeito do escalonamento das dimensões dos transístores. O escalonamento tem proporcionado um avanço notável na indústria do silício nas últimas três décadas. Embora, com o aumento do desempenho devido ao escalonamento, a densidade de potência aumente substancialmente a cada geração devido à maior densidade de integração. Além disso, a procura de concepções sensíveis à potência aumentou significativamente nos últimos anos devido ao enorme crescimento das aplicações portáteis. Por conseguinte, a necessidade de técnicas de conceção eficientes em termos de consumo de energia aumentou consideravelmente. Nesta literatura, foram propostas várias técnicas de conceção eficientes para reduzir tanto a potência dinâmica como a estática. Neste artigo, os autores discutem diferentes técnicas de circuito que são utilizadas para manter o consumo de energia (tanto estático como dinâmico) dentro de um limite, ao mesmo tempo que se obtém a solução mais optimizada.

Akashe e Bhushan (2011) propuseram a observação de uma célula SRAM de cinco transístores CMOS (5T SRAM cell) para aplicações de muito alta densidade e baixa potência. Esta célula é capaz de reter os seus dados com corrente de fuga sem ciclo de atualização. Esta célula SRAM 5T utiliza uma linha de palavra e uma linha de bit e controlo de linha de leitura extra. O tamanho da nova célula é 21,66% mais pequeno do que uma célula SRAM convencional de seis transístores, utilizando as mesmas regras de conceção, sem degradação do desempenho e, por conseguinte, mais eficiente em termos de área. Os resultados analíticos e de simulação mostram que a célula proposta funciona corretamente durante a leitura/escrita e que o atraso da nova célula é 70,15% inferior ao de uma célula SRAM de seis transístores. A nova célula SRAM 5T contém menos 72,10% de corrente de fuga em relação à célula de memória SRAM 6T. Esta célula foi concebida utilizando o nó de 45 nm da cadência.

Akashe et al. (2011) apresentaram a observação de uma célula SRAM de sete transístores CMOS variada para aplicações de muito alta densidade e baixa potência. Esta célula retém os seus dados com corrente de fuga e não requer nenhum ciclo de atualização. Esta célula SRAM 7T utiliza uma linha de palavra e uma linha de bit e um transístor NMOS para controlo. A simulação e os resultados analíticos mostram que a célula proposta tem um funcionamento correto durante a leitura/escrita e também que o atraso da nova célula é 70,15% inferior ao de uma célula SRAM de seis transístores. A nova célula SRAM 7T contém menos 72,10% de corrente de fuga em relação à célula de memória SRAM 6T utilizando a tecnologia cadence 45 nm e o consumo de energia durante a operação de leitura e escrita é aproximadamente 20,34% inferior ao da célula de memória SRAM 6T convencional, embora não seja eficiente em termos de área.

Singh e Tomar (2011) propuseram a forma como a estabilidade da célula SRAM se altera com a margem de ruído estático durante várias operações, tendo em conta diferentes parâmetros. O SNM altera vários parâmetros da célula SRAM e varia durante cada operação da célula. O rácio de células e o rácio de pull up também desempenham um papel vital na estabilidade da célula SRAM. Os autores analisaram a forma como a SNM varia com a tensão de limiar e a tensão de alimentação. Os autores tomaram vários impulsos na ferramenta de cadência da célula SRAM 7T. Utilizaram o nó tecnológico de 45nm na ferramenta cadence virtuoso.

Jain e Akashe (2012) propuseram uma célula SRAM de baixo consumo. Na topologia SRAM proposta, foram acrescentados circuitos adicionais a uma célula 6T-SRAM normalizada para melhorar o desempenho. Propõe-se uma célula de sete transístores (7T) num nó de 45 nm em CMOS para obter melhorias em termos de estabilidade, dissipação de energia e desempenho em comparação com projectos anteriores para operações de memória de baixo consumo. Ao otimizar o tamanho e ao empregar o esquema de circuitos de escrita proposto, consegue-se uma poupança de 45% no consumo de energia no funcionamento da matriz de memória, em comparação com uma conceção convencional baseada numa SRAM de 6T. O impacto das variações do processo é investigado em pormenor e a simulação mostra que a célula SRAM 7T tem uma excelente tolerância às variações do processo em comparação com a célula 6T padrão.

Roy et al. (2003) apresentaram a forma como a corrente de fuga elevada em regimes profundamente submicrométricos está a tornar-se um contribuinte significativo para a dissipação de potência dos circuitos CMOS à medida que a tensão de limiar, o comprimento do canal e a espessura do óxido de porta são reduzidos. Consequentemente, a identificação e modelação de diferentes componentes de fuga é muito importante para a estimativa e redução da potência de fuga, especialmente para aplicações de baixa potência. Este documento analisa vários mecanismos de fuga intrínsecos do transístor, incluindo a inversão fraca, o abaixamento da barreira induzido pelo dreno, a fuga de dreno induzida pela porta e o tunelamento do óxido da porta. As técnicas de engenharia de canal, incluindo a dopagem de poço retrógrado e de halo, são explicadas como meios de gerir os efeitos de canal curto para o aumento contínuo da escala dos dispositivos CMOS. Finalmente, esta literatura explora diferentes técnicas de circuito para reduzir o consumo de energia de fuga.

Dixit e Akashe (2012) apresentaram a forma como as correntes de fuga elevadas em regimes submicrónicos profundos estão a tornar-se um dos principais contribuintes para a dissipação total de potência dos circuitos CMOS à medida que a tensão de limiar, o comprimento do canal e a espessura do óxido de porta são aumentados. Consequentemente, a identificação e a modelação de diferentes componentes de fuga são muito importantes para a estimativa e a redução da potência de fuga, especialmente para aplicações de baixa potência. Neste trabalho, descreve-se o impacto da fuga de porta na SRAM e examinam-se em pormenor duas abordagens diferentes para reduzir as correntes de fuga de porta. Numa abordagem, a tensão de alimentação é reduzida, enquanto na outra o potencial do nó de terra é aumentado. Em ambas as abordagens, a tensão efectiva na célula SRAM é reduzida no modo inativo utilizando um interrutor dinâmico auto-controlável. As simulações CADENCE são efectuadas com um ficheiro de processo de tecnologia CMOS de 180 nm e as correntes de fuga de todas as células são medidas e comparadas. Os resultados da simulação revelaram que existe uma redução significativa da corrente de fuga para esta célula proposta, com o circuito SVL a reduzir a tensão de alimentação em comparação com a célula 6T normal.

Akashe et al. (2012) apresentaram a célula 7T no nó tecnológico de 45nm utilizando a ferramenta Cadence. A tendência para a diminuição do tamanho dos dispositivos e o aumento da densidade das pastilhas, envolvendo várias centenas de milhões de transístores por pastilha, resultou num enorme aumento da complexidade do projeto. A dissipação de energia ocorre sob várias formas, como a dinâmica, a fuga sublimiar, a fuga de porta, etc., e é necessário reduzir cada uma delas devido ao enorme aumento do número de dispositivos portáteis. Neste documento, é proposta uma SRAM 7T de 45 nm com baixa potência de fuga. A potência de fuga em modo de espera da SRAM 7T é reduzida através da incorporação de um circuito de redução da corrente de fuga recentemente desenvolvido, denominado circuito "Self-controllable Voltage Level (SVL)". O resultado da simulação do projeto da SRAM 7T utilizando a ferramenta CADENCE mostra a redução da potência média total. Neste projeto, é utilizada uma célula SRAM de sete transístores (7T) gated-ground como circuito de carga.

Jung et al. (2012) propuseram dois tipos de células SRAM 10T reforçadas com erros suaves com elevada margem de ruído estático (SNM) para funcionamento a baixa tensão. A célula SRAM empilhada NMOS proposta funciona normalmente com um SNM de leitura mais elevado, como demonstrado no resultado próximo da região sublimiar, em comparação com trabalhos anteriores. Os resultados simulados utilizando o processo CMOS padrão de 180 nm demonstram que a célula NMOS empilhada-10T proposta tem uma SNM de leitura elevada e uma resiliência de erro suave elevada de, pelo menos, 100 vezes superior à da célula SRAM 6T padrão não protegida.

Park e Yang (2012) propuseram uma técnica para estimar com precisão a estabilidade de uma célula SRAM convencional sem modificar a estrutura da célula. A margem de ruído estático é uma das principais métricas para estimar a probabilidade de falha de uma célula de memória estática de acesso aleatório (SRAM) 6T. A ideia principal é medir as correntes da célula específica com níveis de alimentação variáveis através das linhas de bits. As correntes medidas são utilizadas para estimar a estabilidade de leitura e a capacidade de escrita através de uma regressão não linear. O R2 (coeficiente de determinação) da estimativa de estabilidade é tão elevado como 0,95 quando aplicado a um conjunto de dados arbitrário. Como as definições típicas de estabilidade exigem um acesso ao nó interno de uma célula 6T-SRAM, são estudadas e modificadas métricas alternativas de estabilidade mensurável para leitura e escrita, a fim de melhorar a correlação com a definição convencional de estabilidade. Com esta estabilidade alternativa e as correntes da célula, as regras de conversão das correntes para a estabilidade podem ser encontradas a partir dos dados de medição. Os resultados da simulação mostram que o erro de estimativa sigma é tão pequeno como 2,44% e 3% para a estimativa da estabilidade de leitura e da capacidade de escrita, respetivamente. A validade da proposta é verificada por simulações de Monte Carlo utilizando modelos de SRAM num nó de tecnologia CMOS de 45 nm.

Singh et al. (2012) aborda várias configurações de células SRAM. A SRAM é a memória incorporada mais comum nos CI CMOS e utiliza um circuito de bloqueio biestável para armazenar um bit. Este documento representa a simulação de diferentes células SRAM e a sua análise comparativa em diferentes parâmetros, como a tensão de alimentação, a frequência de funcionamento, a temperatura e a eficiência da área, etc. As simulações neste documento foram efectuadas na tecnologia BSIM 3V3 90nm na ferramenta Tanner EDA.

Borkar (1999) apresentou a forma como a tecnologia CMOS avançada está a ser escalonada para a próxima geração, a fim de melhorar o desempenho, aumentar a densidade dos transístores e reduzir o consumo de energia. O escalonamento da tecnologia tem três objectivos principais: reduzir o atraso das portas em 30%; duplicar a densidade dos transístores; e reduzir a energia por transição em cerca de 65%. Este relatório analisa atentamente as tendências passadas em termos de escalonamento da tecnologia e a forma como a tecnologia e os produtos de microprocessadores atingiram estes objectivos. Também projecta os desafios que se avizinham se estas tendências se mantiverem.

Garrett et al. (1999) referiram que o gating do relógio é uma técnica importante utilizada em projectos de baixo consumo para desativar módulos não utilizados de um circuito. O gating pode economizar energia ao evitar actividades desnecessárias nos módulos lógicos e ao eliminar a dissipação de energia na rede de distribuição do relógio. Há, no entanto, uma armadilha inerente à implementação de grupos de gating para a distribuição hierárquica de relógios gated, porque os grupos são normalmente desenvolvidos a nível lógico sem qualquer informação sobre a disposição física da árvore de relógios. Dependendo da distribuição dos dissipadores subjacentes, a manutenção de grupos de gating pode causar uma sobrecarga de cablagem que é potencialmente maior do que as poupanças devidas à redução da comutação. Este documento analisa as modificações dos algoritmos de árvore de distorção zero para ter em conta os aspectos físicos e lógicos do gating hierárquico. Os algoritmos são aplicados a dados retirados de um projeto ASIC de baixo consumo.

Kao e Chandrakasan (2000) propuseram várias técnicas de tensão de limiar duplo para reduzir a dissipação de potência em modo de espera, mantendo simultaneamente um elevado desempenho em blocos lógicos combinacionais estáticos e dinâmicos. As tendências de redução de escala e de potência em tecnologias futuras, de acordo com a lei de Moore, farão com que as correntes de fuga sublimiar se tornem um componente cada vez maior da dissipação total de potência. São abordadas questões relacionadas com o dimensionamento de transístores MTCMOS de sono e é apresentada uma metodologia de dimensionamento hierárquico baseada em padrões de descarga mutuamente exclusivos. Esta literatura também propôs um estilo lógico de dominó de V_{th} duplo que fornece o desempenho equivalente a um design$_{th}$ puramente de V baixo com a caraterística de fuga em espera de uma implementação puramente de V alto.

Kao e Chandrakasan (1999) apresentaram que a dependência de estado da fuga pode ser explorada para obter poupanças modestas de fuga em circuitos CMOS. No entanto, é possível modificar os circuitos tendo em conta a dependência do estado e obter maiores poupanças. Identificamos um estado de baixa fuga e inserimos transístores de controlo de fugas apenas quando necessário. Os níveis de fuga são da ordem dos 35% a 90% mais baixos do que os obtidos apenas com a dependência de estado.

Razavipour e Kusha (2009) propuseram duas células de memória estática de acesso aleatório (SRAM) que reduzem a dissipação de energia estática devido às correntes de fuga de porta e sublimiar. A primeira estrutura de célula resulta em tensões de porta reduzidas para os transístores de passagem NMOS, diminuindo assim a corrente de fuga de porta. Reduz a corrente de fuga subliminar aumentando o nível de terra durante o modo inativo. A segunda estrutura de célula utiliza transístores de passagem PMOS para reduzir a corrente de fuga da porta. Além disso, a tecnologia de dupla tensão de limiar com polarização do corpo para a frente é utilizada com esta estrutura para reduzir a fuga sublimiar, mantendo o desempenho. Os resultados são comparados com os de uma célula SRAM convencional. A primeira estrutura de células diminui a corrente de fuga total de porta em 66% e a potência de inatividade em 58% e aumenta o tempo de acesso em cerca de 2%, tornando-a um pouco mais lenta, enquanto a segunda estrutura de células reduz a corrente de fuga total de porta em 27% e a potência de inatividade em 37%, sem variação de velocidade.

CAPÍTULO 3

FORMULAÇÃO DE PROBLEMAS

3.1 DESAFIO DE DESIGN

O principal desafio de conceção inclui a conceção de células de memória de baixa potência, baixa fuga e alta densidade. Há muitos aspectos a ter em conta, desde a variação do processo, relacionados com a estabilidade da célula de bits (que inclui a estabilidade de escrita, leitura e espera), a deteção, a arquitetura e metodologias CAD eficientes e possíveis. Devido ao aumento da quantidade de memória incorporada (em vários aparelhos electrónicos), a tecnologia de escala exige a necessidade específica de SRAM em sistemas de baixo consumo. A integração de mais memória na pastilha constitui um meio eficaz de utilizar o silício devido à menor densidade de potência da memória, à regularidade da disposição e às vantagens em termos de desempenho e de potência decorrentes da redução da largura de banda fora da pastilha. A saída da configuração SRAM está geralmente disponível nas linhas bit e bitb (se for de terminação dupla) ou numa linha se for de terminação simples. Um amplificador de deteção converte o sinal diferencial ou o sinal do valor médio numa saída de nível lógico. Durante o ciclo de leitura, as linhas de bits regressam ao carril de alimentação positivo. Durante o ciclo de escrita, WL é elevado e os BLs são forçados a VDD ou VSS, que está na lógica 1 ou na lógica 0 (dependendo dos dados), o que sobrealimenta o conteúdo da célula de memória. Durante a retenção, WL é mantido baixo e os BLs são deixados a flutuar ou conduzidos para VDD. Durante a leitura ou retenção, são desejadas três raízes de intersecção, indicando biestabilidade. Durante a escrita, apenas uma raiz de intersecção é desejada, para que a célula inverta deterministicamente para um dos dois estados de dados, conforme definido pela polaridade BL.

3.2 OBJECTIVOS

Os principais objectivos da presente tese são os seguintes

1. Conceber uma topologia para armazenar o bit de forma eficiente.

2. Para reduzir a corrente de fuga quando a célula está em modo de espera.

3. A célula deve ser eficiente do ponto de vista energético.

4. Deve ocupar o menor espaço possível, o que é uma vantagem para os pequenos aparelhos electrónicos.

CAPÍTULO 4

TRABALHO ACTUAL

4.1 INTRODUÇÃO

A SRAM ou memória estática de acesso aleatório é uma forma de memória de semicondutores amplamente utilizada em aplicações de eletrónica, microprocessadores e informática em geral. O nome desta forma de memória de semicondutores deve-se ao facto de os dados serem armazenados de forma estática e não necessitarem de ser actualizados dinamicamente, como no caso da memória DRAM. Embora os dados na memória SRAM não precisem de ser actualizados dinamicamente, continuam a ser voláteis, o que significa que, quando a energia é retirada do dispositivo de memória, os dados não são mantidos e desaparecem. A memória de semicondutores é um dispositivo eletrónico de armazenamento de dados, frequentemente utilizado como memória de computador, implementado num circuito integrado baseado em semicondutores. É fabricada em muitas configurações e tecnologias diferentes.

A memória de semicondutores tem a propriedade de acesso aleatório, o que significa que demora o mesmo tempo a aceder a qualquer localização de memória, pelo que os dados podem ser acedidos de forma eficiente em qualquer ordem aleatória (Dawoud et al., 2010). A memória de semicondutores também tem tempos de acesso muito mais rápidos do que outros tipos de armazenamento de dados; um byte de dados pode ser escrito ou lido na memória de semicondutores em poucos nanossegundos, enquanto o tempo de acesso ao armazenamento rotativo, como os discos rígidos, é da ordem dos milissegundos. Por estas razões, é utilizada para a memória principal do computador (armazenamento primário), para guardar os dados em que o computador está a trabalhar, entre outras utilizações.

Os registos de deslocamento, os registos do processador, os buffers de dados e outros pequenos registos digitais que não possuem um mecanismo de descodificação do endereço de memória não são considerados memória, embora também armazenem dados digitais. Numa pastilha de memória semicondutora, cada bit de dados binários é armazenado num pequeno circuito denominado célula de memória, constituído por um a vários transístores. As células de memória estão dispostas em matrizes rectangulares na superfície do chip. As células de memória de 1 bit estão agrupadas em pequenas unidades chamadas palavras, que são acedidas em conjunto como um único endereço de memória. A memória é fabricada com um comprimento de palavra que é geralmente uma potência de dois, normalmente N=1, 2, 4 ou 8 bits.

4.2 TRABALHO APRESENTADO (CÉLULA 5T)

Foi projectada uma nova configuração de SRAM com 5 transístores. Durante o modo inativo da célula (quando a operação de leitura ou escrita não é realizada na célula), a porta de transmissão está desligada. Quando "1" está armazenado na célula, o transístor NM1 está ligado e o nó STB é puxado para GND. Quando "0" é armazenado na célula, os transístores PM0 e M4 estão ligados e existe um feedback positivo entre o nó ST e o nó STB, pelo que o nó ST é puxado para GND por M2 e o nó STB é puxado para V_{DD}. Os dados são retidos utilizando a condição de inatividade em que a linha de bits é mantida a alta tensão. A tensão de alimentação utilizada é de 1 V. O novo circuito é apresentado na figura 4.1.

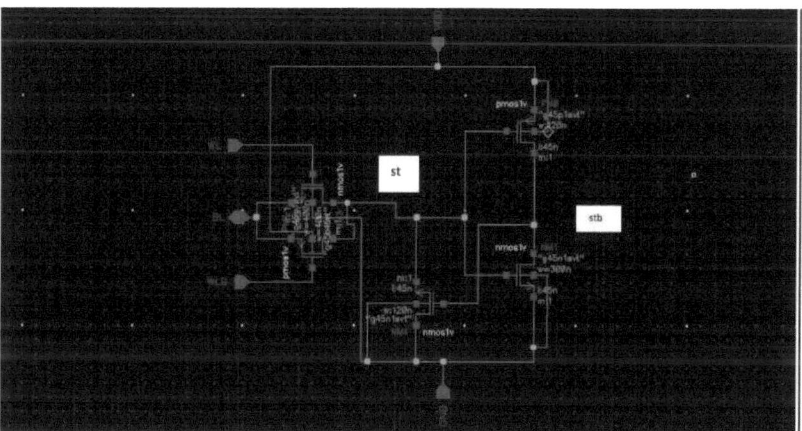

Figura 4.1. Esquema da célula 5T proposta.

4.2.1 Trabalho

4.2.1.1 Ciclo de leitura e escrita

Durante a operação de escrita, o transístor de acesso M3 está ligado e as operações seguintes são efectuadas em diferentes transistores da célula.

1. Condução da linha de bits: Para a operação de escrita, os dados são colocados na linha de bits (BL) e, em seguida, a linha de palavras (WL) é activada para V_{DD}.

2. Inversão de células: esta etapa inclui dois estados, como se segue:

a) Os dados são zero: Neste estado, o nó ST é puxado para baixo para GND pelo transístor da porta de transmissão e, por conseguinte, o transístor de carga (PM0) estará ligado e o nó STB será puxado para cima para V_{DD} . Assim, é criada uma realimentação positiva pelo nó STB.

b) Os dados são um: Neste estado, o nó ST é puxado para cima para V_{DD} -V_{tn} pelo transístor da porta de transmissão e, portanto, o transístor de acionamento (NM1) estará ligado, e o nó STB será puxado para baixo para GND.

3. Modo inativo: No final da operação de escrita, a célula passa para o modo inativo e a linha de palavras e a linha de bits são afirmadas para V_{Idle} e V_{DD} , respetivamente.

Quando é efectuada uma operação de leitura, a célula de memória passa pelas seguintes etapas.

1. Carregamento da linha de bits: Para uma leitura, a linha de bits é carregada até V_{DD} , e depois flutua.

2. Ativação da linha de palavras: Neste passo, a linha de palavras é activada para VDD e podem ser considerados dois estados:

a) A tensão do nó ST é alta: Quando a tensão do nó ST é elevada, a tensão da linha de bits e do nó ST é igualada.

b) A tensão do nó ST é baixa: quando a tensão do nó ST é baixa, a tensão da linha de bits é reduzida para uma tensão baixa pelo transístor de transmissão.

3. Deteção: Depois de a linha de palavras ser desactivada para V_{zdle} , o amplificador de deteção é ligado para ler os dados na linha de bits.

Num estado, a nova célula SRAM 5T deve reter os seus dados utilizando a corrente de fuga forçada do transístor de acesso da linha de bits para o nó ST (quando um está armazenado), de modo a que a capacitância parasita possa carregar até à tensão máxima como lógica 1 e, no outro estado, a célula SRAM 5T deve reter os seus dados utilizando a realimentação positiva (quando zero está armazenado). Assim, no modo inativo, quando "0" é armazenado na célula, há uma realimentação positiva. O transístor de acesso permite uma corrente de fuga. Uma outra vantagem da utilização desta célula é o facto de podermos utilizar circuitos de pré-carga convencionais para esta célula SRAM.

4.3 TRABALHO APRESENTADO (CÉLULA 6T)

Foi projectada uma nova configuração de SRAM com 6 transístores. Durante o modo inativo da célula (quando a operação de leitura ou escrita não é realizada na célula), a porta de transmissão está desligada. Quando '1' é armazenado na célula, os transístores NM0 e PM3 estão ligados e o nó STB é puxado para GND. Quando "0" é armazenado na célula, o transístor PM1 está ligado e existe um feedback positivo entre o nó ST e o nó STB, pelo que o nó ST é puxado para GND por M2 e o nó STB é puxado para V_{DD} . Os dados são mantidos em estado inativo, em que a linha de bits é mantida a baixa tensão e a linha de palavras é mantida a 0,2 V. A tensão de alimentação utilizada é de 1 V. O novo circuito é apresentado na figura 4.2.

4.3.1 Trabalho

4.3.1.1 Ciclo de leitura e escrita

Durante a operação de escrita, a porta de transmissão está ligada e as operações seguintes são efectuadas em diferentes transístores da célula.

1. Condução da linha de bits: Para a operação de escrita, os dados são colocados na linha de bits (BL) e, em seguida, a linha de palavras (WL) é activada para V $_{.DD}$

2. Inversão de células: esta etapa inclui dois estados, como se segue:

a) Os dados são zero: Neste estado, o nó ST é puxado para baixo para GND pelo transístor da porta de transmissão e, portanto, o transístor de carga (PM2) estará ligado, e o nó STB será puxado para cima para V_{DD}.

b) Os dados são um: Neste estado, o nó ST é puxado para cima para V_{DD} -Vtn pelo transístor da porta de transmissão e, por conseguinte, o transístor de acionamento (NM0) estará ligado e o nó STB será puxado para baixo para GND. Assim, é criada uma realimentação positiva pelo nó STB.

3. Modo inativo: No final da operação de escrita, a célula passa para o modo inativo e a linha de palavras e a linha de bits são afirmadas para V_{Idle} e V_{DD} , respetivamente.

Quando é efectuada uma operação de leitura, a célula de memória passa pelas seguintes etapas.

1. Carregamento da linha de bits: Para uma leitura, a linha de bits é ligada à terra e depois flutuada.

2. Ativação da linha-palavra: Nesta etapa, a linha de palavras é activada em V_{DD} e podem ser considerados dois estados:

a) A tensão do nó ST é elevada: Quando a tensão do nó ST é elevada, a tensão da linha de bits é puxada para cima pelo transístor da porta de transmissão.

b) A tensão do nó ST é baixa: quando a tensão do nó ST é baixa, a tensão da linha de bits e a tensão do nó ST estão equilibradas.

3. Deteção: Depois de a linha de palavras ser desactivada para V_{zdle} , o amplificador de deteção é ligado para ler os dados na linha de bits.

No estado zero, a nova célula SRAM 6T deve reter os seus dados utilizando a corrente de fuga do transístor da porta de transmissão do nó ST para a linha de bits (quando "0" é armazenado) e no outro estado a célula SRAM 6T deve reter os seus dados utilizando a realimentação positiva (quando um é armazenado). O transístor de porta de transmissão permite a corrente de fuga.

4.4 METODOLOGIA

São aplicadas as seguintes metodologias:

1. Explorou vários tópicos a partir de vários recursos que incluíam várias revistas, documentos de conferências, vídeos, artigos, revistas sobre os últimos tópicos, etc.
2. Explorou as ferramentas e as caraterísticas úteis da ferramenta que podem ser aplicáveis ao tema.
3. Nesta literatura, o tema escolhido é sobre memórias.
4. Analisámos vários aspectos das memórias que incluíam também várias configurações.
5. A partir do último artigo escolhido, aplicámos a metodologia do artigo.
6. Depois de implementarem o trabalho, analisaram várias possibilidades sobre o tema.
7. Nas possibilidades, pode haver a opção de alterar os parâmetros, que podem ser a relação de aspeto do perfil de dopagem, a largura, o comprimento, a fonte de alimentação ou toda a configuração.
8. Nesta literatura, toda a configuração foi alterada.
9. Para obter melhores resultados, verificar as várias larguras dos elementos do circuito (neste caso, o transístor CMOS), o que pode ser feito através da análise DC ou AC do circuito.
10. Depois de encontrar a solução mais optimizada, comparou os resultados com a anterior.
11. Implementei outra configuração. Nesta configuração, alterei o transístor de acesso para um transístor de

porta de transmissão.

12. A desvantagem da configuração 6T proposta é o facto de ocupar mais área do que a configuração 5T, mas o desempenho é melhorado. O bit é armazenado de forma mais eficiente. Além disso, os componentes de atraso e fuga são menores.

13. A configuração também é verificada quanto ao funcionamento numa gama de temperaturas prática.

CAPÍTULO 5

RESULTADOS E DISCUSSÃO

Este capítulo resume os vários novos esquemas da célula SRAM e os resultados da simulação verificados para várias configurações de topologias, juntamente com as topologias convencionais da célula SRAM 6T. São também apresentados vários resultados de fugas durante várias fugas de escrita e de espera. É também apresentado um amplificador de sentido para o circuito proposto, juntamente com resultados simulados em DC e transientes. As simulações foram efectuadas na plataforma Cadence Design environment em 180nm e 45nm.

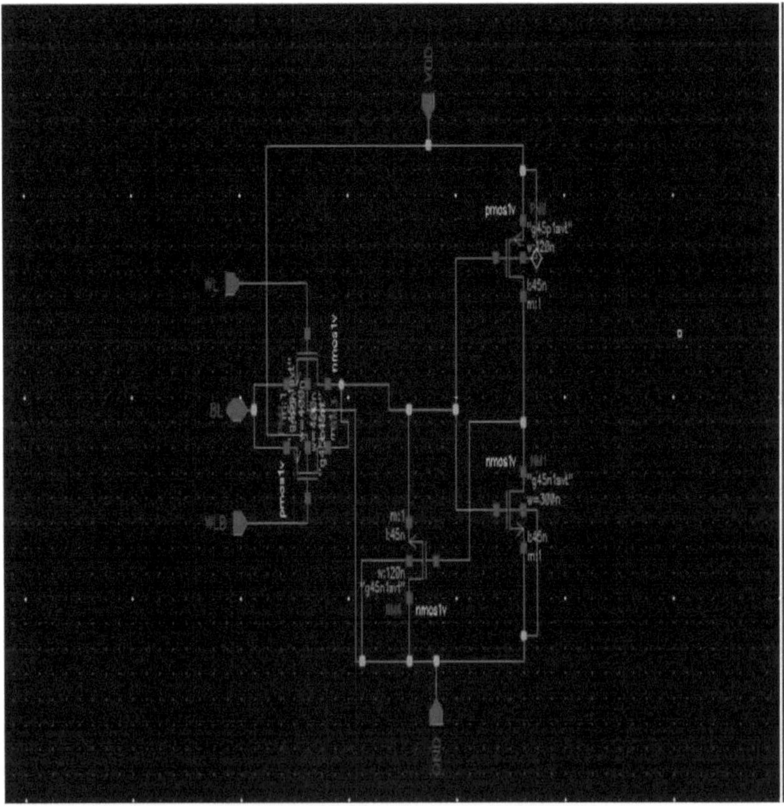

Figura 5.1. Esquema da célula 5T proposta.

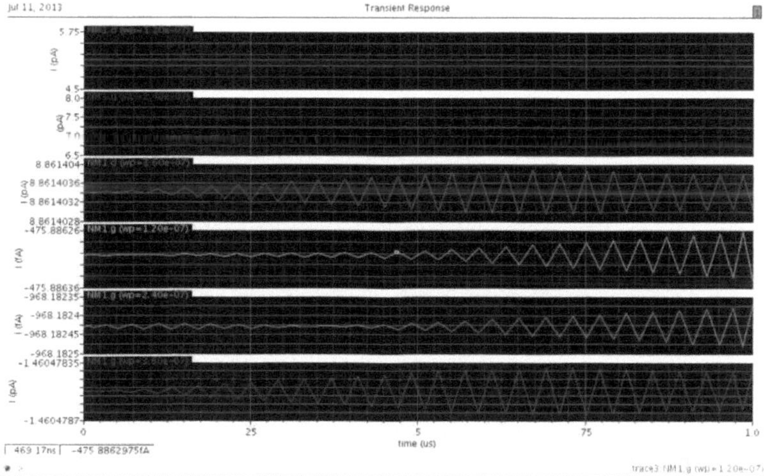

Figura 5.2. Corrente de fuga em vários nós durante a escrita '0'.

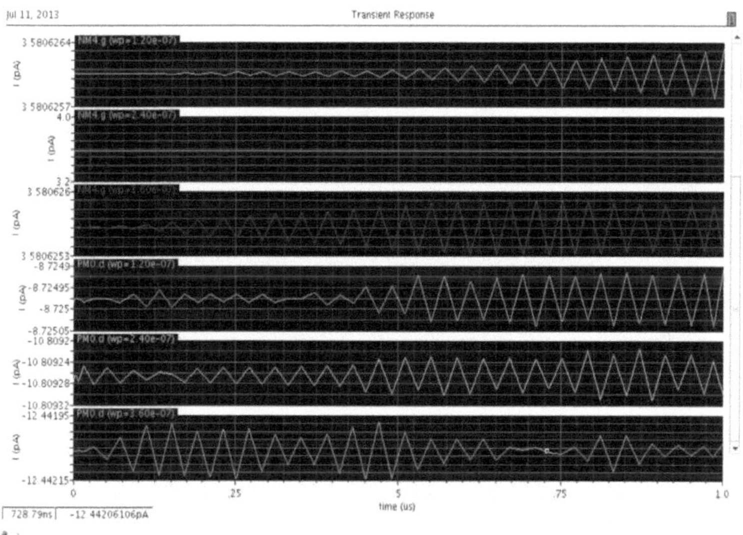

Figura 5.3. Corrente de fuga em vários nós durante a escrita '0'.

A figura 5.1 mostra a nova célula SRAM 5T. O funcionamento da célula 5T é descrito no capítulo 4. A figura 5.2 e a figura 5.3 descrevem as fugas em vários nós (porta e dreno) dos transístores NM1, NM4 e PM0 durante a operação de escrita '0' no nó ST do transístor. Os resultados são observados quando se varia a largura do transístor NM4. Verificou-se, a partir das várias formas de onda, que a fuga é mínima em vários nós quando a largura do transístor é mantida a 120nm. Assim, a largura de 120 nm é mantida para a célula, uma vez que esta largura dá o resultado mais optimizado. A variação da corrente nos resultados da simulação é insignificante.

A variação nas figuras acima é no máximo de 0,0002 pA, o que é insignificante e estável, uma vez que esta variação é sinusoidal com uma variação máxima de pico a pico de 0,0002 pA.

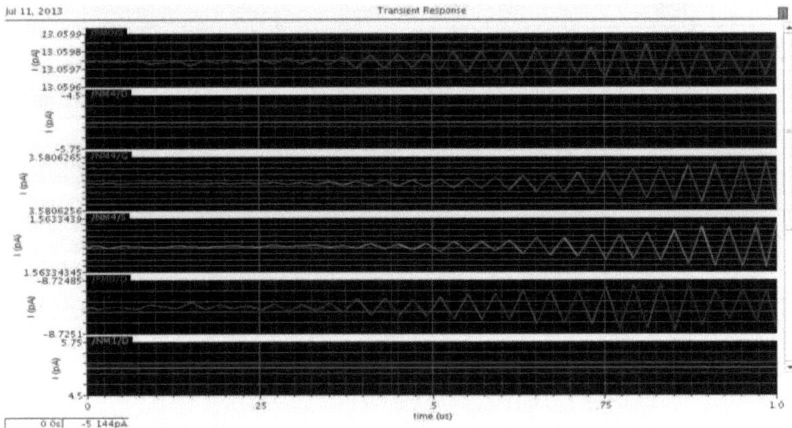

Figura 5.4. Corrente de fuga em vários nós durante a escrita '0'.

A Figura 5.4 mostra as fugas em vários nós dos transístores (NM1, NM4 e PM0) para a largura mais optimizada do transístor para obter os resultados finais quando o bit '0' é escrito na célula no nó ST. Os resultados são apresentados na Tabela I do capítulo 5. A variação na figura 5.4 é, no máximo, de 0,000001 pA, o que é insignificante e é estável, uma vez que esta variação é sinusoidal com uma variação máxima de pico a pico de 0,000001 pA.

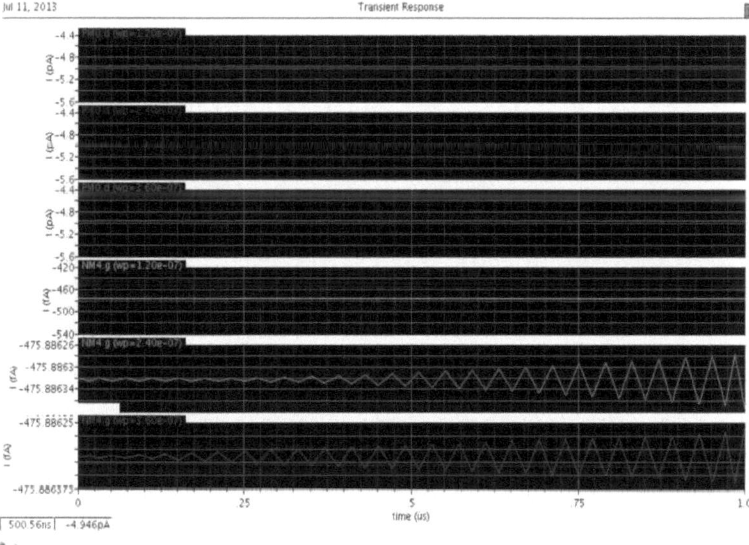

Figura 5.5. Corrente de fuga em vários nós durante a escrita ' 1 ' com alteração da largura.

A figura 5.5 descreve a corrente em vários nós (porta e dreno) dos transístores NM4 e PM0 durante a operação de escrita '1' no nó ST do transístor. Os resultados são observados quando a largura do transístor NM4 é variada. Verificou-se, a partir das várias formas de onda, que a fuga é mínima em vários nós quando a largura do transístor é mantida a 120nm. Assim, a largura de 120nm é mantida para a célula, uma vez que esta largura dá o resultado mais optimizado.

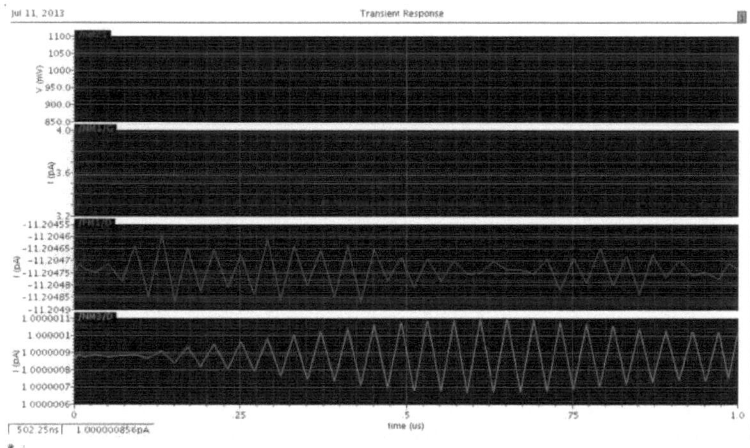

Figura 5.6. Fugas em vários nós durante a escrita '1'.

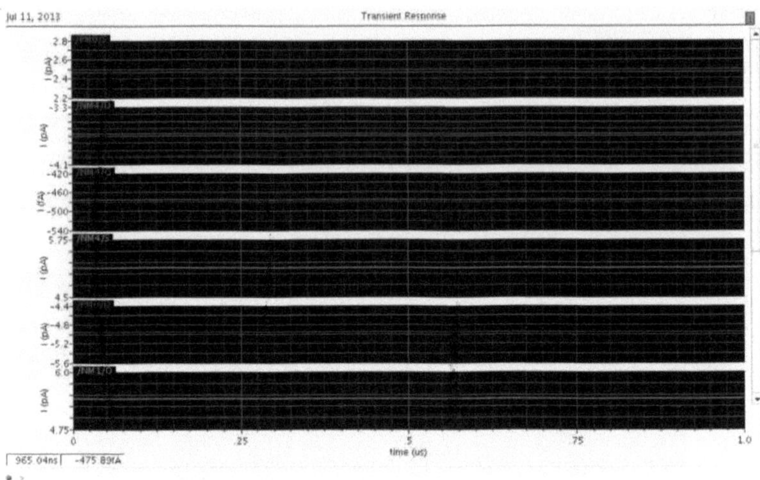

Figura 5.7. Fugas em vários nós durante a escrita '1'.

A figura 5.6 e a figura 5.7 mostram as fugas em vários nós dos transístores (NM1, NM4 e PM0) para a largura mais optimizada do transístor para obter os resultados finais quando o bit '1' é escrito na célula no nó ST. Os resultados são apresentados na Tabela I.

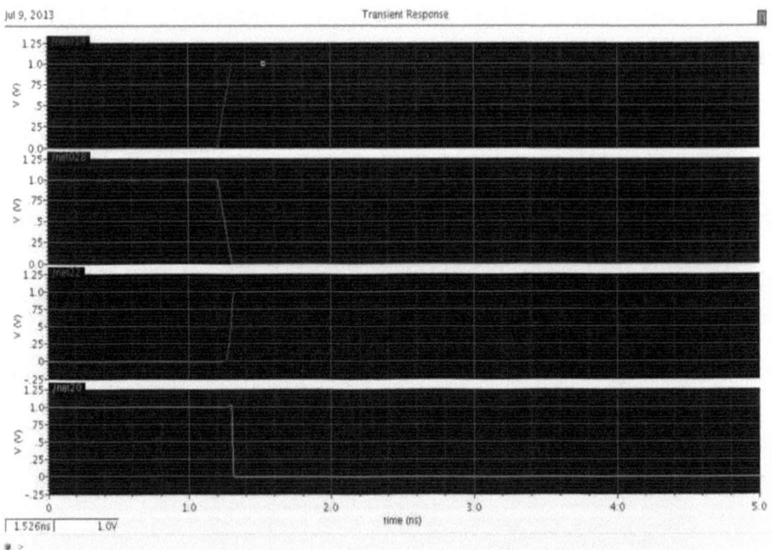

Figura 5.8. Análise de transientes durante a escrita '1'.

A figura 5.8 mostra a análise transitória da célula quando o bit '1' é escrito na célula. Net014 e net028 são as entradas para as portas de acesso à transmissão (WL) quando a linha de bits está ligada a vdd (bit '1'). Aqui, a rede22 representa o nó ST e a rede20 representa o nó STB. Verificou-se que os bits são efetivamente armazenados e são estáveis.

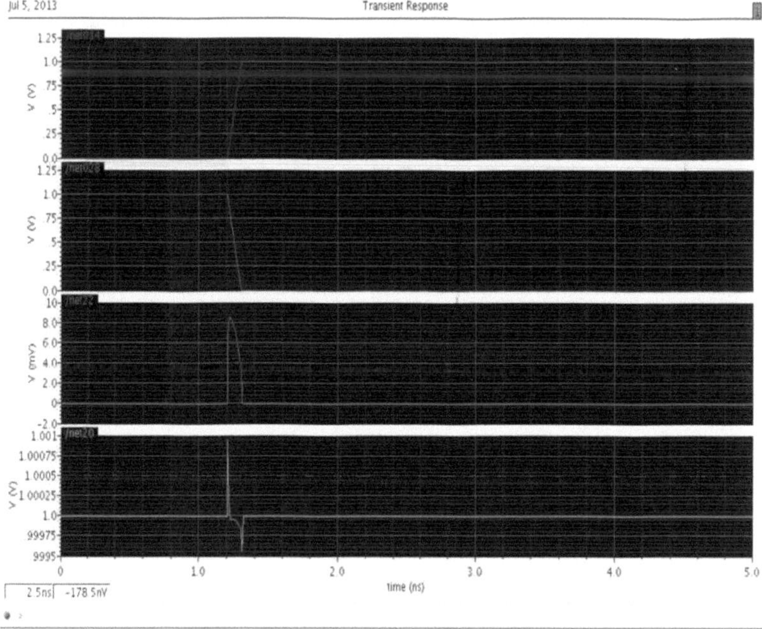

Figura 5.9. Análise de transientes durante a escrita '0'.

A figura 5.9 mostra a análise transitória da célula quando o bit '0' é escrito na célula. Net014 e net028 são as entradas para as portas de acesso à transmissão (WL) quando a linha de bits está ligada a g_{nd} (bit '0'). Aqui, a rede22 representa o nó ST e a rede20 representa o nó STB. Verificou-se que os bits são efetivamente armazenados e são estáveis.

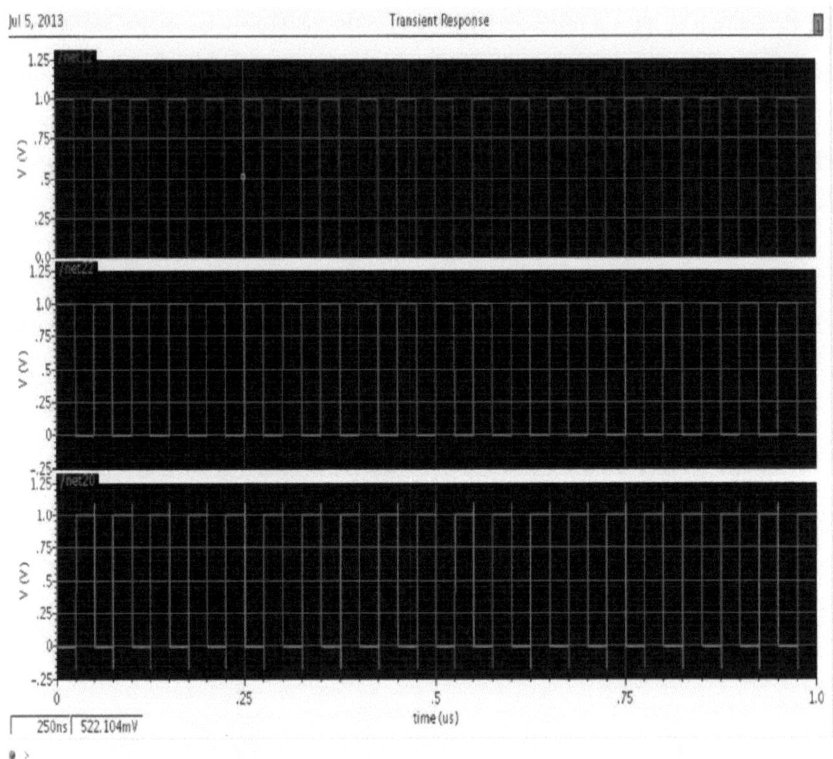

Figura 5.10. Análise transitória da célula proposta.

A Figura 5.10 mostra a análise transiente da célula. A rede12 é a linha de bits e recebe uma entrada pulsante. Aqui, as portas de transmissão permitem a entrada pulsante e a linha de bits é ligada à célula. Os tempos de subida e descida são negligenciáveis e são mantidos a 10 fs. Aqui, a rede 22 representa o nó ST e a rede 20 representa o nó STB. Verificou-se que a célula é capaz de transferir sinais no nó ST e STB com um atraso muito reduzido, o que significa que esta célula é capaz de transferir sinais a uma taxa muito elevada. Os resultados da transferência de sinais da entrada (BL) para os nós ST e STB são apresentados no quadro II.

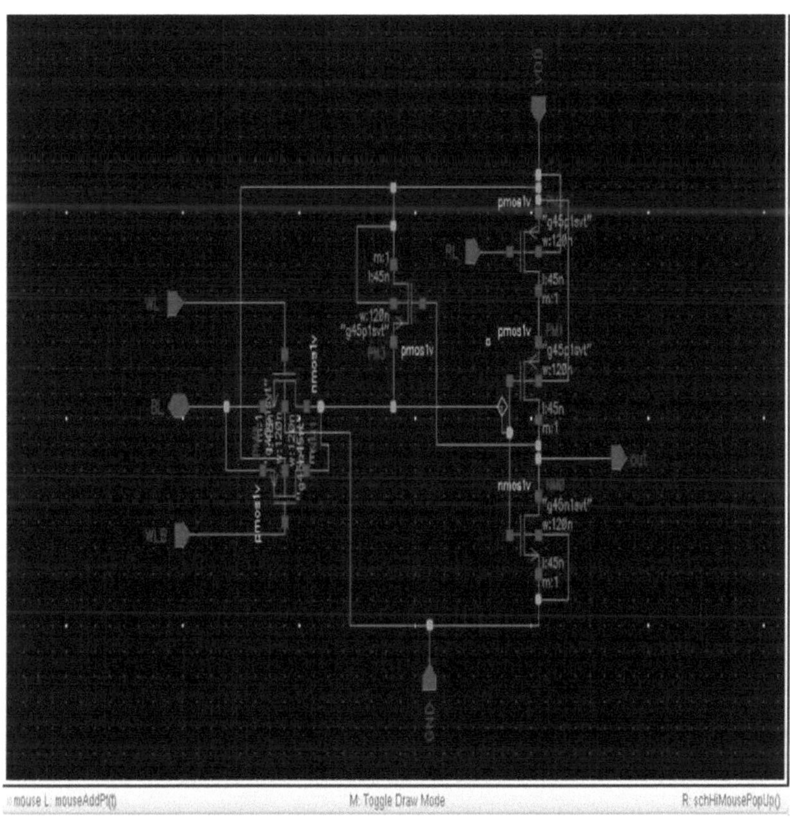

Figura 5.11. Esquema da célula 6T proposta.

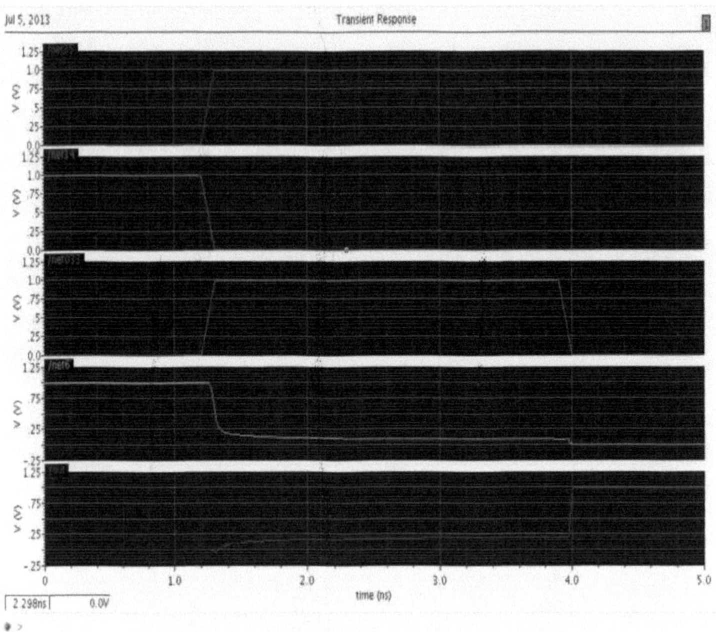

Figura 5.12. Análise de transientes durante a escrita '0'.

A figura 5.11 mostra a nova célula SRAM 6T. O funcionamento da célula 6T é descrito no capítulo 4. A figura 5.12 mostra a análise transitória da célula quando o bit '0' é escrito na célula. As redes 34 e 35 são as entradas para as portas de acesso à transmissão (WL) quando a linha de bits está ligada a gnd (bit '0'). Aqui, a rede6 representa o nó ST e a "saída" representa o nó STB. A rede33 representa a linha RL. Verificou-se que os bits armazenados são estáveis e armazenados de forma eficiente.

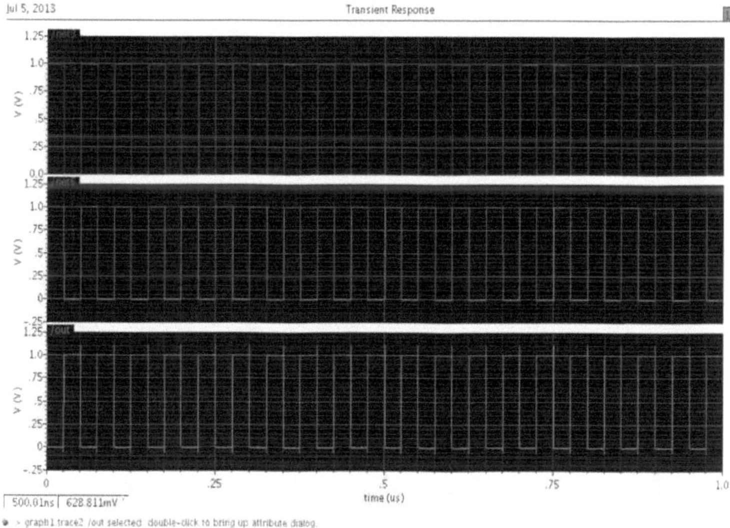

Figura 5.13. Análise transitória da célula 6T proposta.

A Figura 5.13 mostra a análise transiente da célula. A rede3 é a linha de bits e recebe uma entrada pulsante. Aqui, as portas de transmissão permitem a entrada pulsante e a linha de bits é ligada à célula. Os tempos de subida e descida são negligenciáveis e são mantidos a 10 fs. Aqui, net6 representa o nó ST e "out" representa o nó STB. Verificou-se que a célula é capaz de transferir sinais no nó ST e STB com um atraso muito reduzido, o que significa que esta célula é capaz de transferir sinais a uma taxa muito elevada. Os resultados da transferência de sinais da entrada (BL) para os nós ST e STB são apresentados no quadro II.

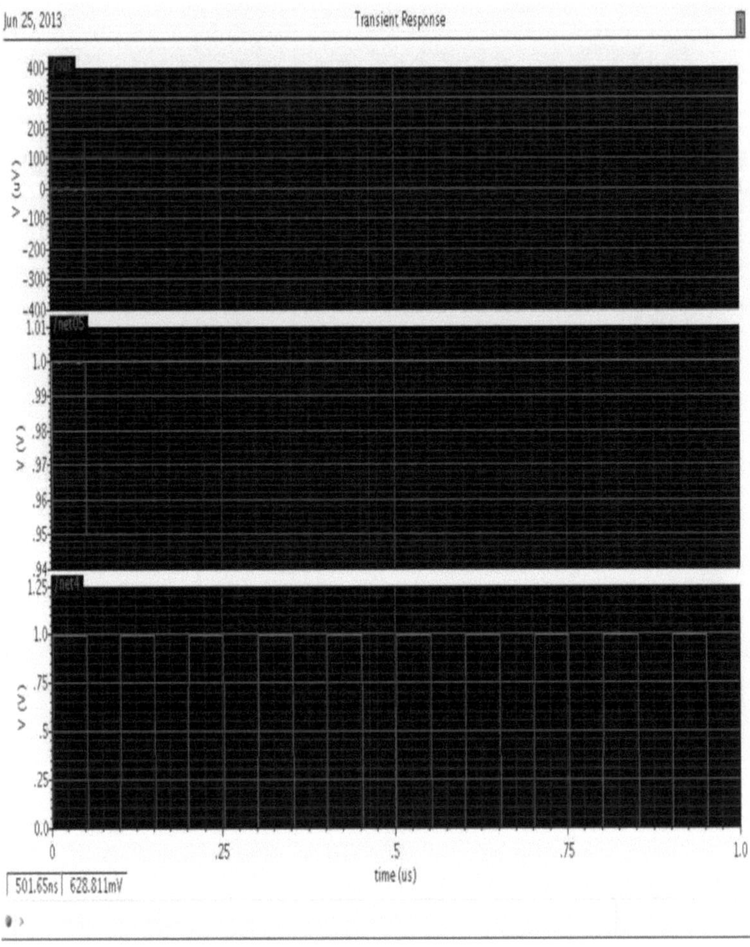

Figura 5.14. Análise transiente da célula proposta para armazenar '1'.

A figura 5.14 representa a análise transitória da célula proposta quando o bit "1" é armazenado no nó ST. A figura mostra que o bit armazenado é bastante estável, sem qualquer desfasamento nos nós ST e STB, quando a linha de bits não está ligada à célula. A análise foi efectuada para 1us.

AMPLIFICADOR DE SENTIDO POSSÍVEL (em 180nm)

O amplificador de deteção amplifica o sinal da linha de bits e dá a saída como bit (DO) e bitbar (DBO).

Este amplificador é capaz de amplificar mesmo a pequena diferença da entrada, como mostra a figura 5.15, a partir do valor médio de 0,9V.

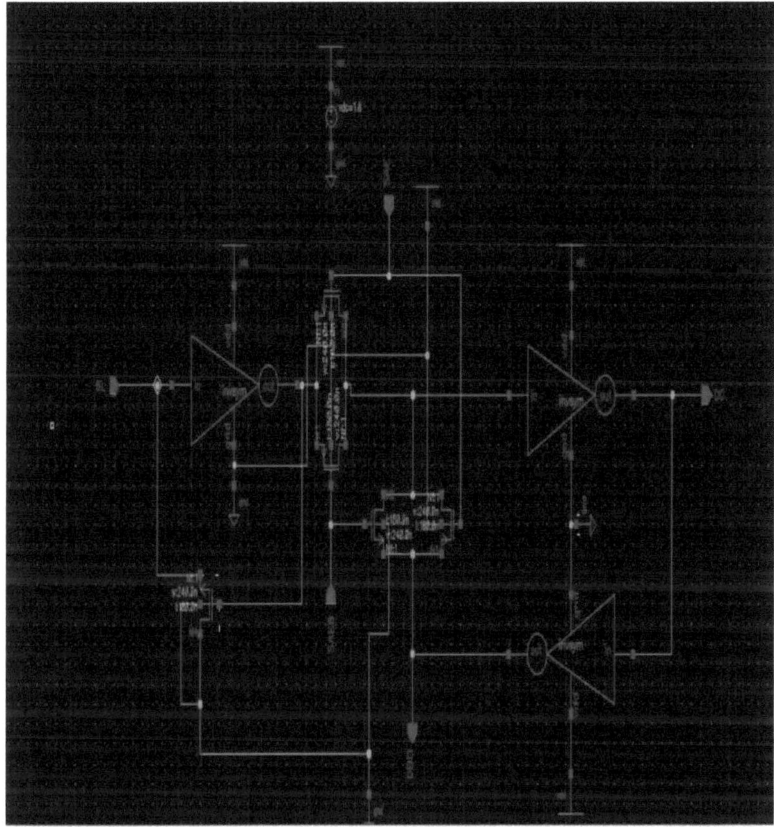

Figura 5.15. Esquema do amplificador de deteção para a célula SRAM 5T proposta

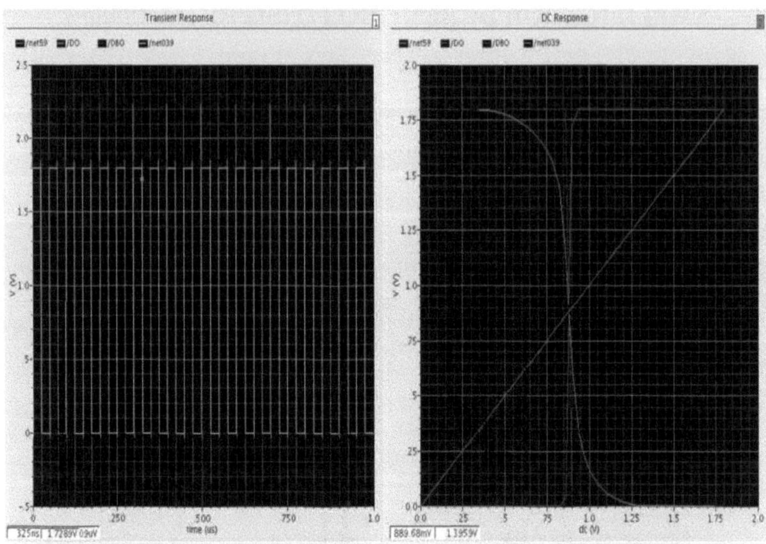

Figura 5.16. Análise transiente e DC do amplificador de deteção.

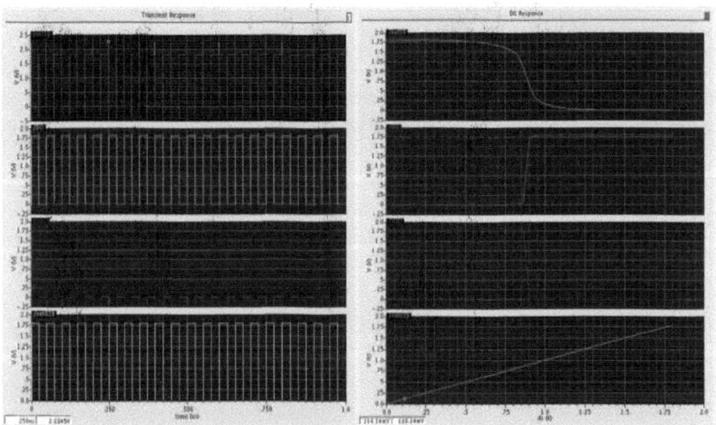

Figura 5.17. Análise transiente e DC do amplificador de deteção.

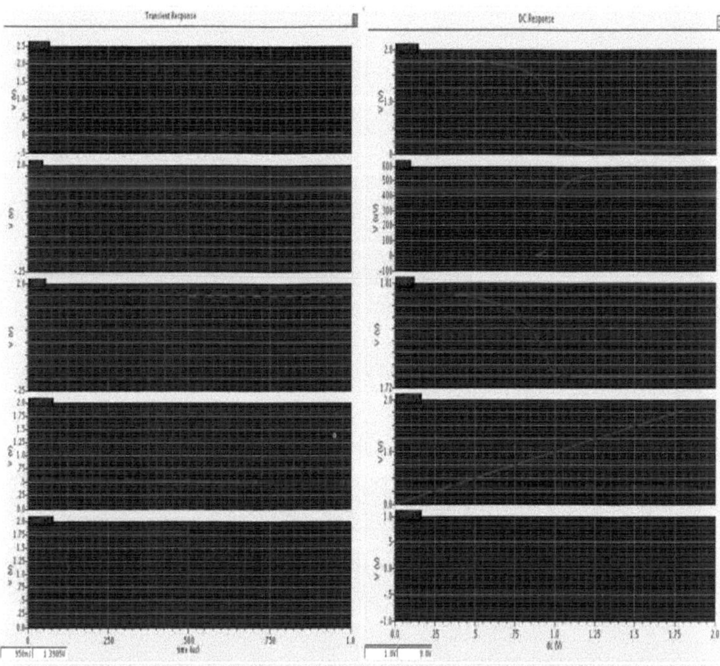

Figura 5.18. Análise transiente e DC do amplificador de deteção.

A figura 5.16, a figura 5.17 e a figura 5.18 mostram a análise transiente e DC do amplificador de deteção. Aqui D0 e DB0 são os sinais de saída. Verificou-se que os bits são transferidos para o amplificador de forma bastante eficiente. A partir da análise DC, é claro que o amplificador é bastante sensível para medir até mesmo uma pequena diferença dos sinais da linha de bits, uma vez que há uma mudança acentuada no valor médio (0,9V).

A figura 5.19 e a figura 5.20 mostram os sinais de saída quando uma tensão próxima do valor médio (0,9V) é dada à entrada do amplificador de deteção. Na figura 5.19, a linha de bits recebe 1V e a saída é 1,8V (bit '1'). Na figura 5.20, a linha de bits recebe 700mV e a saída é 0V (bit '0'). Assim, este amplificador é capaz de amplificar mesmo uma pequena variação de tensão.

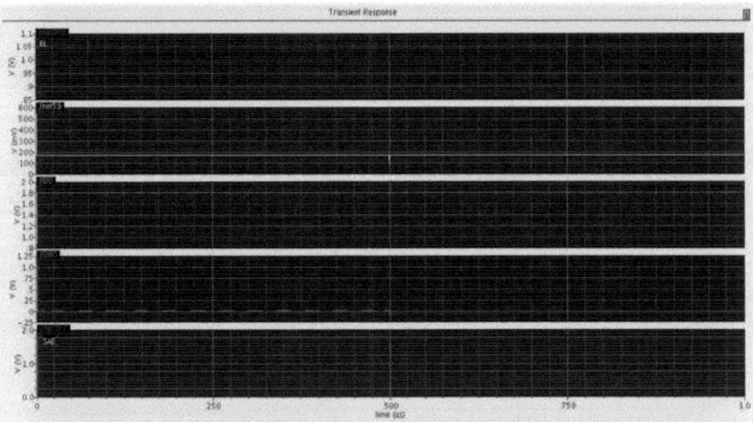

Figura 5.19. Forma de onda com saída '1'.

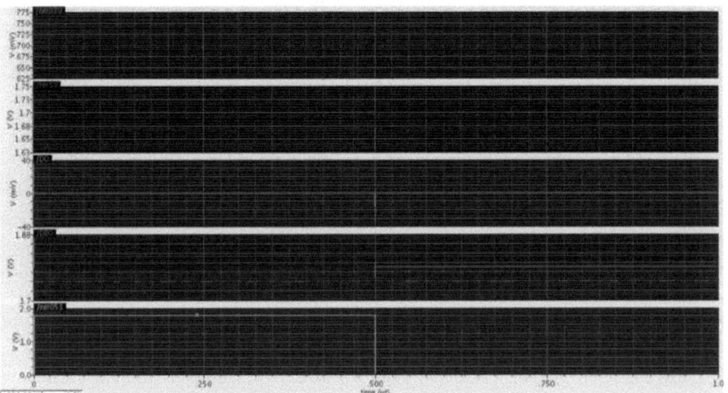

Figura 5.20. Forma de onda com saída '0'.

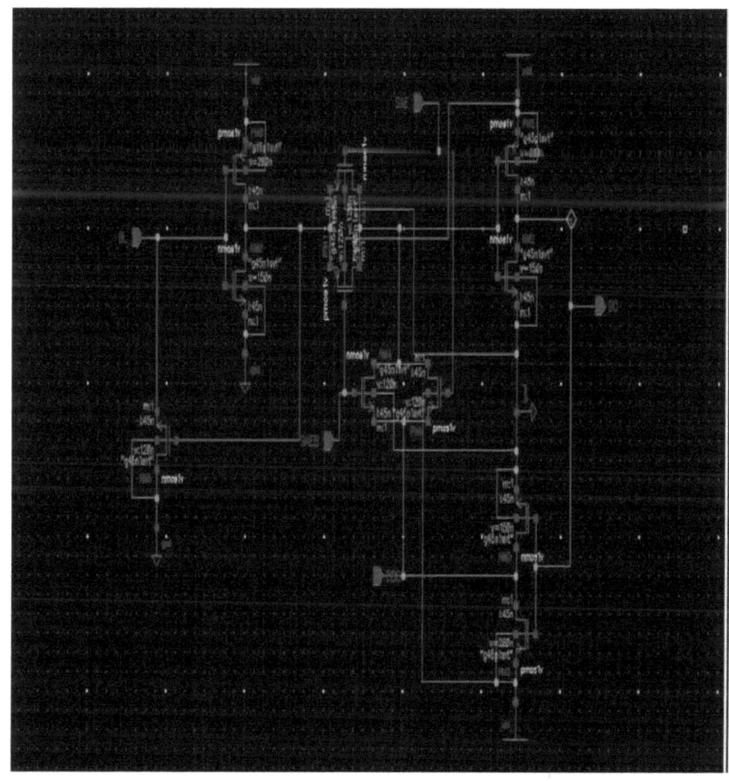

Figura 5.21. Possível circuito de amplificador de deteção em tecnologia de 45 nm

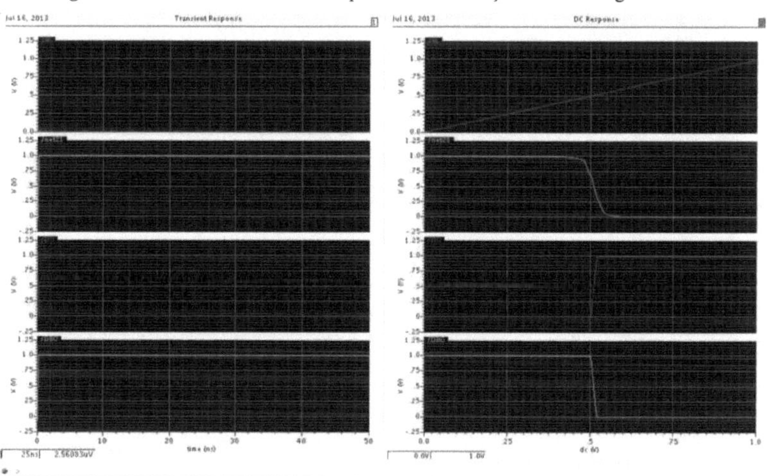

Figura 5.22. Análise DC e transiente do amplificador de deteção possível

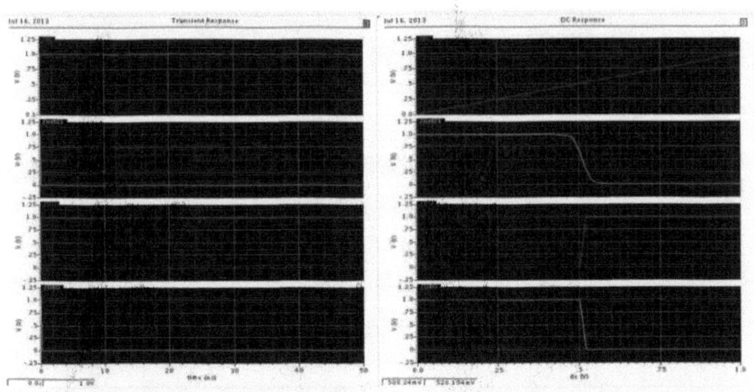

Figura 5.23. Análise DC e transiente do amplificador de deteção possível

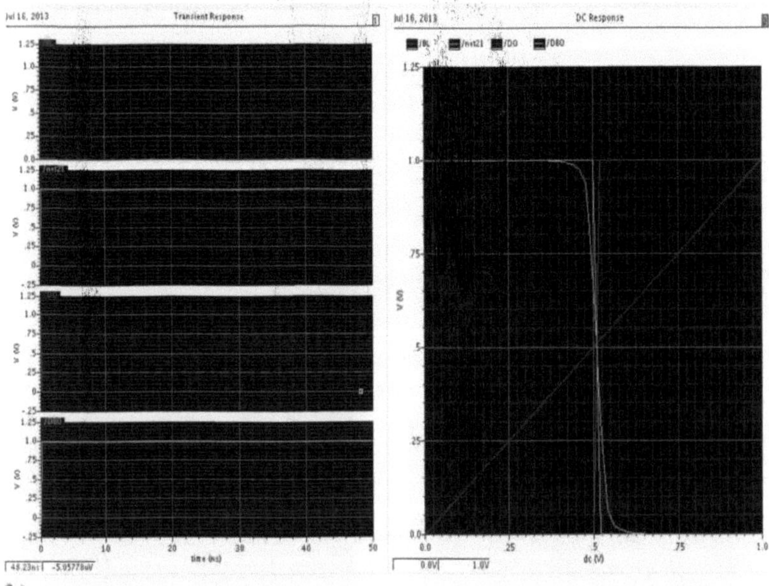

Figura 5.24. Análise DC e transiente do amplificador de deteção possível

A Figura 5.21 mostra o possível circuito do amplificador de deteção na tecnologia de 45 nm. O amplificador de deteção amplifica o sinal da linha de bits e fornece a saída como bit (DO) e bitbar (DBO). Este amplificador é capaz de amplificar mesmo a pequena diferença da entrada em relação ao valor médio de 0,5V.

A figura 5.22, a figura 5.23 e a figura 5.24 mostram a análise transiente e DC do amplificador de deteção. Aqui D0 e DB0 são os sinais de saída. Verificou-se que os bits são transferidos para o amplificador de forma bastante eficiente. A partir da análise DC, é evidente que o amplificador é bastante sensível para medir até mesmo uma pequena diferença dos sinais da linha de bits, uma vez que há uma mudança acentuada no valor médio (0,5 V), como mostra a resposta DC da figura 5.24.

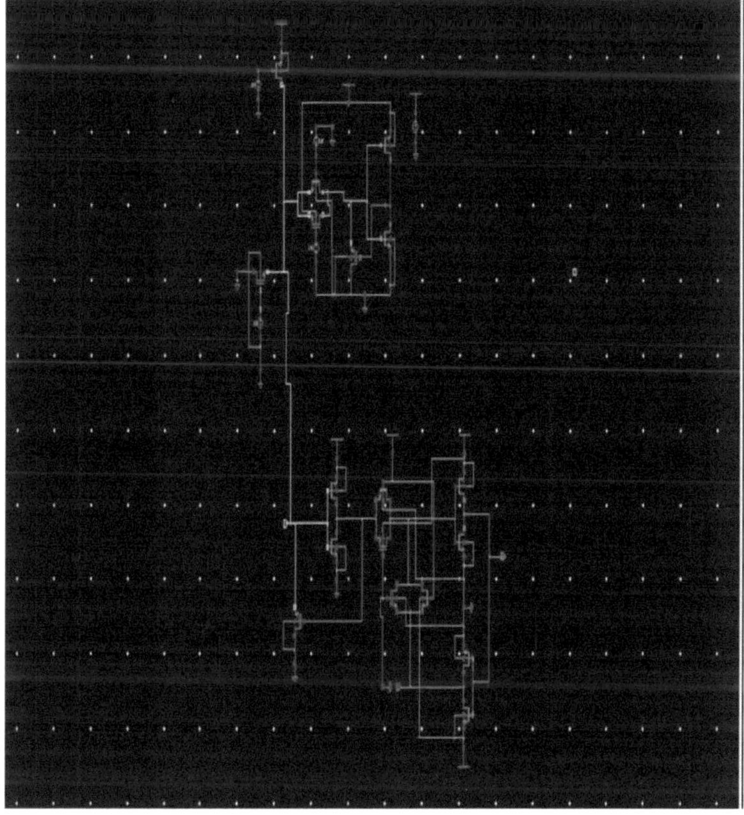

Figura 5.25. Circuito completo da célula de memória, incluindo a célula SRAM 5T, os circuitos de pré-carga, escrita e amplificador de deteção.

A Figura 5.25 mostra o circuito completo da célula de memória que inclui a célula SRAM proposta, o circuito de pré-carga, de escrita e o circuito amplificador de deteção. A escrita de bits é efectuada quando a pré-carga é desligada. Enquanto a porta de transmissão do transístor apropriado é ligada, os bits são transferidos para a porta SRAM. Os bits são lidos da célula quando os circuitos de escrita e pré-carga são desligados e a ativação do amplificador de deteção é ligada. As saídas estão disponíveis a partir de DO e DB0.

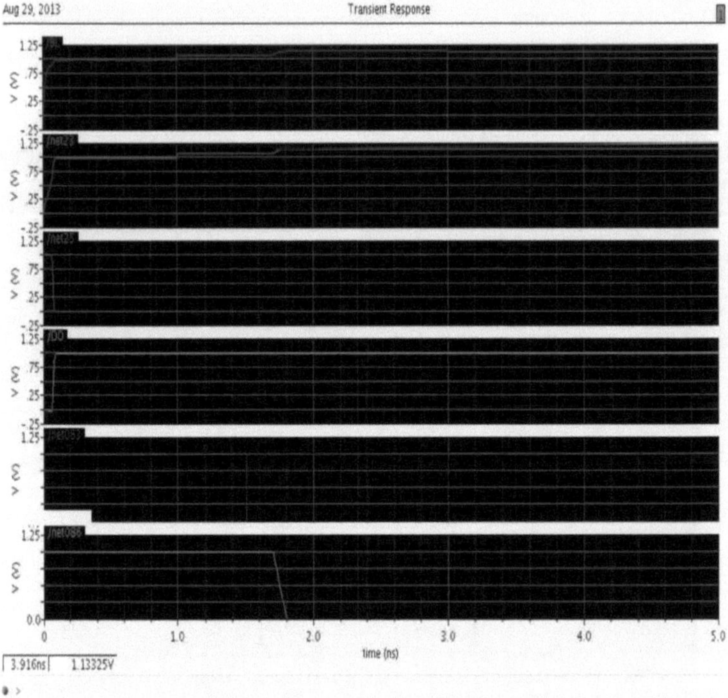

Figura 5.26. Leitura de '1' da célula SRAM

A Figura 5.26 mostra o resultado da simulação da leitura de '1' da célula SRAM. O bit '1' é escrito na célula SRAM e depois é lido da célula e a saída está disponível em D0. Aqui, a rede083 passa para o circuito de escrita. A rede23 é um ramo do nó ST. A rede25 é um ramo do nó stb.

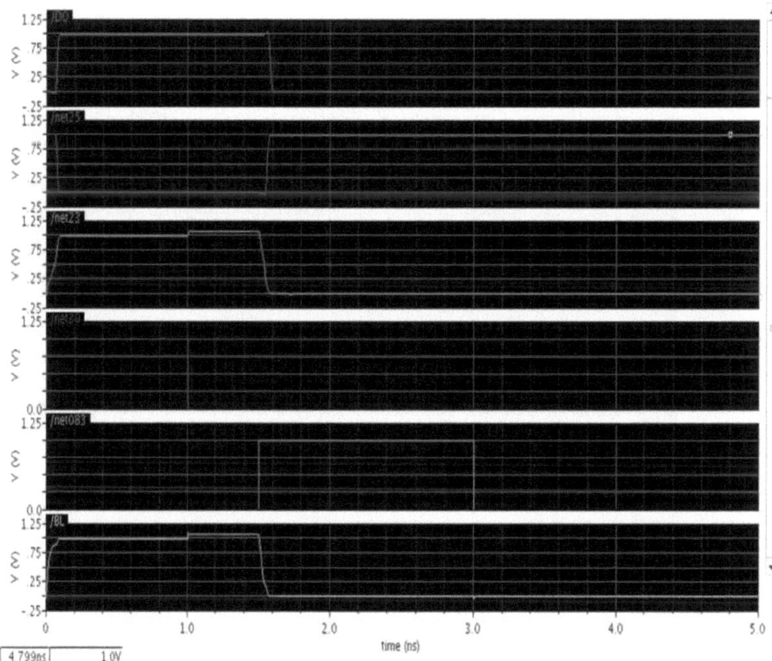

Figura 5.27. Leitura de '0' da célula SRAM

A Figura 5.27 mostra o resultado da simulação da leitura de '0' da célula SRAM. O bit '0' é escrito na célula SRAM e depois é lido da célula e a saída está disponível em D0. Aqui, a rede083 passa para o circuito de escrita. A rede23 é um ramo do nó ST. Net25 é a ramificação do nó stb. Net30 é o comutador para o circuito de pré-carga, quando é "1" o comutador está desligado e quando é "0" o comutador está ligado.

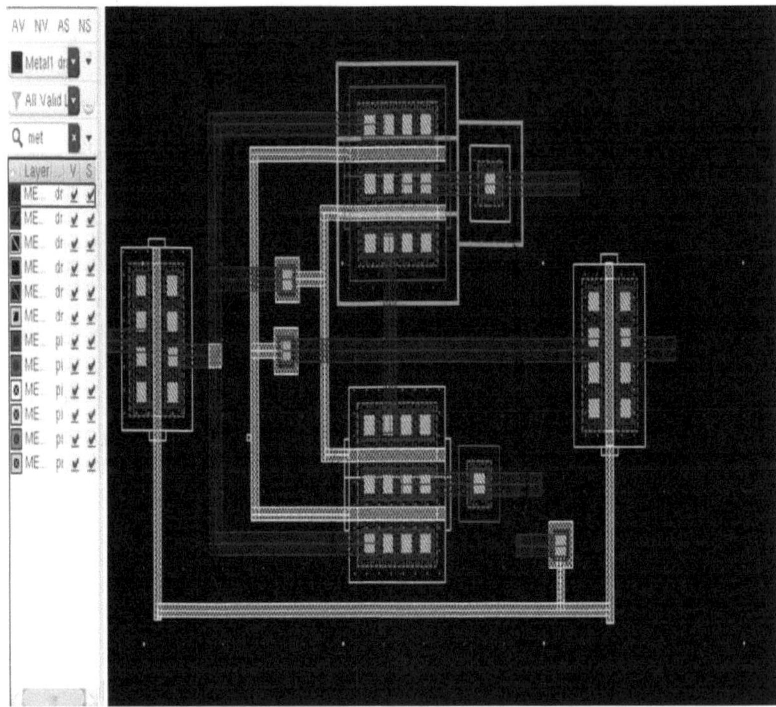

Figura 5.28. Disposição da célula SRAM 6T básica no nó tecnológico de 180 nm.

A Figura 5.28 mostra o layout da célula 6T convencional no nó tecnológico de 180nm. A Figura 5.29 mostra outra configuração de uma célula SRAM 6T convencional. Neste esquema, são utilizadas larguras semelhantes de todos os transístores.

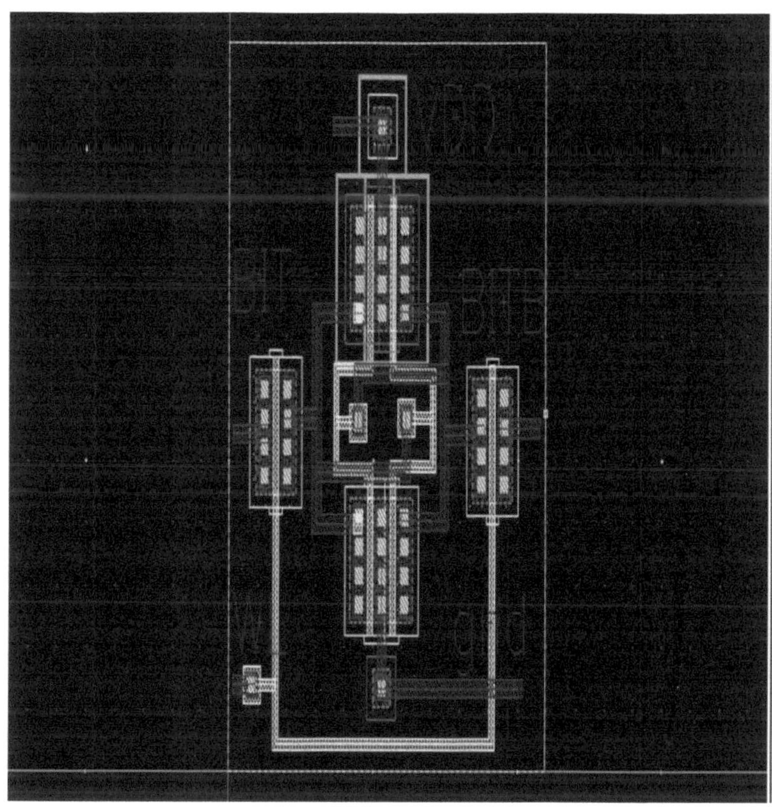

Figura 5.29. Disposição da célula SRAM 6T básica no nó tecnológico de 180 nm.

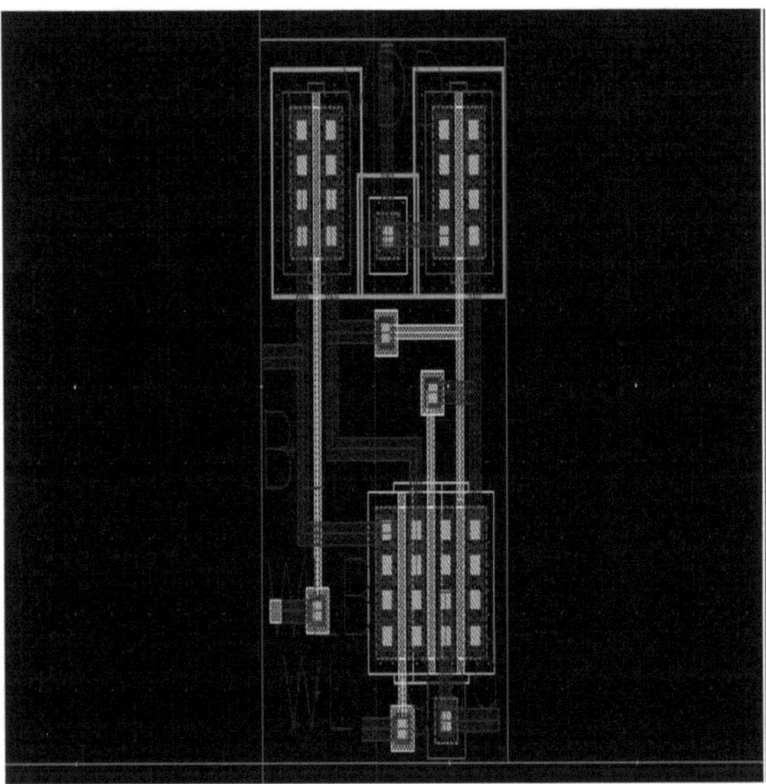

Figura 5.30. Layout da célula SRAM 5T proposta no nó tecnológico de 180nm.

A Figura 5.30 mostra a disposição da célula 5T proposta no nó tecnológico de 180 nm. São utilizadas larguras padrão semelhantes para criar esta disposição. A comparação da disposição da célula 6T convencional e da célula 5T proposta mostra que a célula 5T proposta é cerca de 30% mais pequena do que a célula 6T convencional utilizando as mesmas regras de conceção.

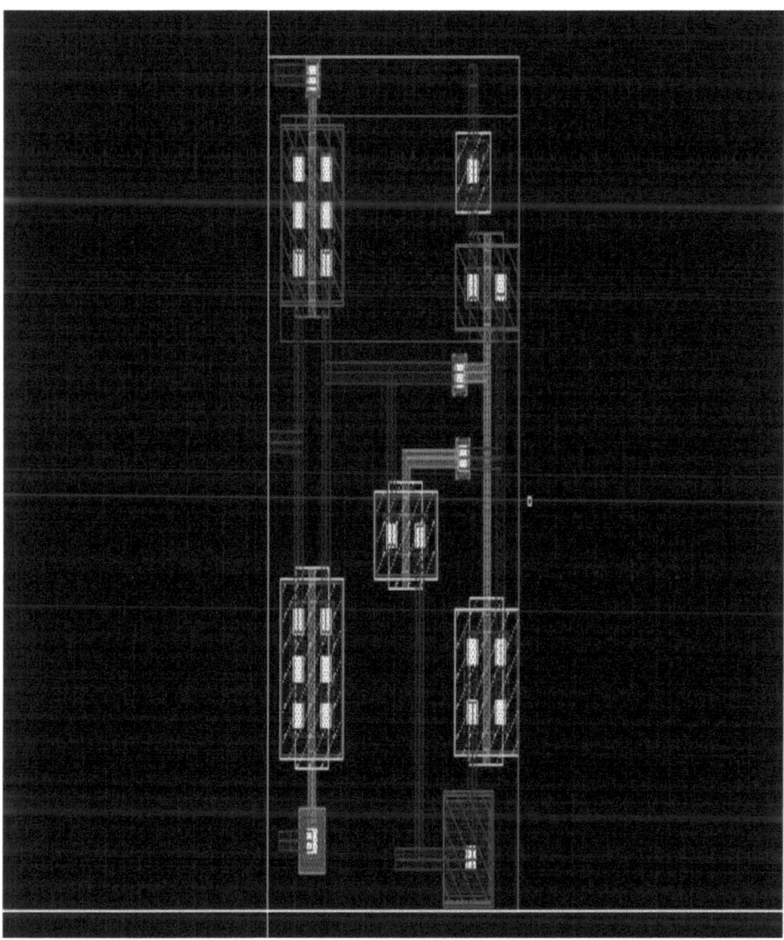

Figura 5.31. Layout da célula SRAM 5T proposta no nó tecnológico de 45nm.

A Figura 5.31 mostra a disposição da célula 5T proposta no nó tecnológico de 45 nm. Para esta disposição foram utilizadas as larguras indicadas no esquema. A comparação da disposição do 5T proposto na tecnologia de 45 nm e na tecnologia de 180 nm mostra que a área da célula na tecnologia de 45 nm é cerca de 1/30 da área da célula na tecnologia de 180 nm.

COMPARAÇÃO DE RESULTADOS

Tabela 5.1. Comparação de fugas de várias configurações

N.º Sr.	Parâmetros	Fuga na célula 5T anterior (Akashe et al. 2011)	Fuga na célula 6T. (Akashe et al. 2011)	Fuga na nova célula 5T	Melhor configuração
1	Para escrever 1 no nó ST	18,9 nA	-32,10 nA	6,61 pA	Nova célula 5T
2	Para escrever 0 no nó ST	3,60 nA	9,20 nA	5,14 pA	Nova célula 5T
3	Para a escrita 1 no nó stb	-9,824 nA	-0,229 nA	-475,88 fA	Nova célula 5T
4	Para escrever 0 no nó stb	5,51 nA	94,11 nA	-5,415 pA	Nova célula 5T

A Tabela 5.1 mostra a comparação de fugas de diferentes configurações, que incluem as configurações anteriores de células 5T e 6T convencionais com a célula proposta nesta tese. A corrente de fuga foi medida na célula inativa durante o armazenamento de bits em vários nós. As várias fugas são observadas e apresentadas de forma concisa na tabela. A tabela 5.1 mostra claramente que as fugas durante as operações de escrita nos nós ST e stb são muito menores em comparação com os resultados anteriores. Isso significa que há uma melhoria substancial na corrente de fuga em vários nós durante a operação de escrita.

Tabela 5.2. Comparação do atraso de várias configurações

N.º Sr.	Parâmetros	Atraso da célula 5T anterior (Akashe et al. 2011)	Atraso da célula 6T convencional (Akashe et al. 2011)	Atraso da nova célula SRAM 5T (180nm)	Atraso da nova célula SRAM 5T (45nm)
1	Atraso no ST	2,453 ns	0,839 ns	23 ps	5.13 ps
2	Atraso no STB	14.24 ps	47,72 ps	46 ps	17,66 ps

A Tabela 5.2 mostra a comparação do atraso das configurações anteriores com as configurações propostas. O atraso foi determinado medindo o atraso no nó ST e stb quando a entrada é aplicada à linha de bits. Verificou-se que a configuração 6T proposta é mais rápida de todas as células, seguida das células 5T propostas. O atraso no nó ST revela uma melhoria substancial com o circuito proposto. A célula 5T proposta é cerca de 24% mais lenta, enquanto a célula 6T proposta é cerca de 0,07% mais rápida do que a configuração anterior da célula

5T.

Tabela 5.3. Comparação do consumo de energia de várias configurações

N.º Sr.	Parâmetros	Consumo de energia na célula 5T anterior (Akashe et al. 2011)	Consumo de energia numa célula 6T (Akashe et al. 2011)	Consumo de energia na nova célula 5T
1	Para escrever 1 no nó st	9,8nW	0,011 pW	6,62 pW
2	Para escrever 0 no nó st	85.01nW	0,003pW	0,465 pW
3	Para a escrita 1 no nó stb	67.3nW	30 pW	5,14 pW
4	Para escrever 0 no nó stb	9,8nW	28 pW	5,422 pW

A tabela 5.3 mostra o consumo de energia em vários nós das configurações anteriores e propostas da célula SRAM. O consumo de energia da célula é determinado multiplicando a corrente através dos transístores activos pela tensão em vários nós. Estes resultados foram compilados na Tabela 5.3. Observa-se na tabela que a célula 5T proposta é eficiente em termos de consumo de energia quando o bit é escrito no nó stb, mas não é eficiente em termos de consumo de energia em comparação com a célula 6T convencional quando o bit é escrito no nó ST, mas é eficiente em termos de consumo de energia em comparação com a célula 5T proposta anteriormente.

CAPÍTULO 6

CONCLUSÃO E TRABALHO FUTURO

6.1 CONCLUSÃO

O trabalho proposto apresenta uma topologia que é eficiente em termos de área. O presente trabalho analisa os últimos desenvolvimentos em técnicas e métodos de circuitos rápidos e de baixo consumo, com ênfase em várias configurações de SRAM. É apresentada a nova célula SRAM de extremidade única 5T e 6T. A corrente de fuga é encontrada no ponto em que o transístor está desligado num determinado nó. Além disso, este transístor é uma célula de alta densidade ou ocupa menos área do que a célula SRAM 6T convencional. A corrente de fuga desta célula é muito baixa em comparação com outras células 5T ou 6T convencionais. É necessário um circuito de pré-carga para esta célula, tal como na célula SRAM 6T convencional. Esta célula é também uma célula eficiente em termos de energia. Além disso, os resultados mostram que os dados armazenados nesta célula são altamente estáveis.

6.2 ÂMBITO DE APLICAÇÃO FUTURA

Em qualquer tipo de circuito ou aplicação, há sempre margem para melhorias. Com a configuração proposta, podemos melhorá-la com várias técnicas mencionadas no capítulo 1. Podemos alterar o rácio de aspeto da célula para obter melhores resultados. Podemos aplicar o clock gating para obter um circuito eficiente em termos de energia. Podemos melhorar o circuito periférico para obter um melhor desempenho.

REFERÊNCIAS

[1] Ashok A. (2006), "Foundations of Computer Science", Laxmi Publications, pp. 39 - 41.

[2] Akashe S., Bhushan S. e Sharma S. (2011), "High Density and Low Leakage Current Based 5T SRAM Cell Using 45 nrn Technology" International Conference on Nanoscience, Engineering and Technology (ICONSET), IEEE Proc., pp. 346-350.

[3] Akashe S., Mishra, M. e Sharma S. (2012), "Circuito de nível de tensão autocontrolável para células SRAM de 7T de baixa potência e alta velocidade na tecnologia de 45 nm", Conferência de Estudantes de Engenharia e Sistemas (SCES), IEEE , pp. 1 - 5.

[4] Akashe S., Rastogi S. e Sharma S. (2011), "Specific Power Illustration of Proposed 7T SRAM with 6T SRAM Using 45 nrn Technology", International Conference on Nanoscience, Engineering and Technology (ICONSET), IEEE Proc., pp. 364-369.

[5] Borkar S. (1999), "Design challenges of technology scaling", IEEE, Volume 19, Número 4, pp. 23 -29.

[6] Dawoud S. D. e Peplow R. (2010), "Digital System Design - Use of Microcontroller", River Publishers, pp. 255-258.

[7] Dixit G. e Akashe S. (2012), "Leakage reduction in 7t using svl scheme", Second International Conference on Advanced Computing & Communication Technologies, IEEE , pp. 339 - 342.

[8] Garrett D., Stan, M. e Dean, A. (1999), "Challenges in clock gating for a low power ASIC methodology", International Symposium on Low Power Electronics and Design, IEEE Proceedings, pp. 176-181.

[9] Godse, A.P. e Godse D.A. (2008), "Fundamentals of Computing and Programing", Publicações Técnicas, pp 1 - 25.

[10] Jain A. e Akashe S. (2012), "Optimization of low power 7T SRAM cell in 45nm Technology", Second International Conference on Advanced Computing & Communication Technologies, IEEE proc., pp. 324 - 327.

[11] Johnson M.C., Somasekhar D., Lih-Yih C. e Roy K. (2002), "Leakage control with efficient use of transistor stacks in single threshold CMOS", IEEE Transactions on Very Large Scale Integration (VLSI) Systems, Volume 10, Issue 1, pp. 1 - 5.

[12] Jung I.S., Kim Y.N., e Fabrizio L. (2012), "A Novel Sort Error Hardened 10T SRAM Cells for Low Voltage Operation", IEEE 55th International Midwest Symposium on Circuits and Systems (MWSCAS), pp. 714 - 717.

[13] Kao J.T. e Chandrakasan A.P. (2000) "Dual-threshold voltage techniques for low- power digital circuits", IEEE Journal of Solid State Circuits , Volume 35 , Issue 7, pp. 1009 - 1018.

[14] Park H. e Yang C.K.H. (2012) "Stability Estimation of a 6T-SRAM Cell Using a Nonlinear Regression",

IEEE transactions on very large scale integration (VLSI) systems, Volume PP, Issue 99, pp. 1.

[15] Paul B. C., Agarwal A. e Roy K. (2006), "Low-power design techniques for scaled technologies", Integration, the VLSI Journal, Volume 39, Número 2, março de 2006, pp. 6489.

[16] Razavipour G., Afzali K. A. e Pedram M. (2009), "Design and Analysis of Two Low- Power SRAM Cell Structures", IEEE Transaction on very large scale integration systems, Volume 17, Issue 10, pp. 1551 - 1555.

[17] Roy K. (Feb.2003), "Leakage Current Mechanisms and Leakage Reduction Techniques in Deep-Submicrometer", CMOS Circuits Proceedings of the IEEE, Volume 91, Issue 2, pp. 305-327.

[18] Roy K. e Prasad S.C. (2000), "Low-Power CMOS VLSI Circuit Design", Wiley Interscience Publications, Nova Iorque.

[19] Singh S., Arora N. e Singh B.P. (2011), "Simulation and Analysis of SRAM Cell Structures at 90nm Technology", International Journal of Modern Engineering Research (IJMER) Vol.1, Issue.2, pp. 327 - 331.

[20] Singh M. e Tomar S.S. (2011) "Analysis of 7t sram cell with snm on 45nm technology for increasing cell stability", International Conference on Nanoscience, Engineering and Technology (ICONSET), IEEE Proc., pp. 370 - 372 .

[21] Taur Y. e Ning T.H. (2013), "Fundamentals of Modern VLSI Devices", 2.ª edição, Cambridge University Press, Nova Iorque.

Printed by Books on Demand GmbH, Norderstedt / Germany